U0333096

Windows Server 2012 配置与管理项目教程

主　编　唐柱斌　秦其虹　银少海
副主编　徐培镞　薛立强　王春身

北京理工大学出版社
BEIJING INSTITUTE OF TECHNOLOGY PRESS

内容简介

本书采用"任务驱动、项目导向"的方式,着眼于实践应用,以企业真实案例为基础,全面系统地介绍了 Windows Server 2012 R2 在企业中的应用。本书包含12个项目:利用 VMware Workstation 构建网络环境、规划与安装 Windows Server 2012 R2、管理域和活动目录、管理用户和组、管理文件系统与共享资源、配置远程桌面连接、配置与管理 DNS 服务器、配置与管理 DHCP 服务器、配置与管理 Web 服务器、配置与管理 FTP 服务器、配置与管理 VPN 服务器和配置与管理 NAT 服务器。

本书结构合理,知识全面且实例丰富,语言通俗易懂,易教易学。

本书既可以作为计算机网络技术、云计算应用技术、计算机应用技术等计算机相关专业的理论与实践一体化教材,也可以作为 Windows Server 2012 系统管理和网络管理工作者的指导书。

图书在版编目(CIP)数据

Windows Server 2012 配置与管理项目教程 / 唐柱斌,秦其虹,银少海主编. —北京:北京理工大学出版社,2020.6

ISBN 978 - 7 - 5682 - 8503 - 2

Ⅰ. ①W… Ⅱ. ①唐… ②秦… ③银… Ⅲ. ①Windows 操作系统 – 网络服务器 – 教材 Ⅳ. ①TP316.86

中国版本图书馆 CIP 数据核字(2020)第 089594 号

出版发行 / 北京理工大学出版社有限责任公司	
社 址 / 北京市海淀区中关村南大街5号	
邮 编 / 100081	
电 话 / (010)68914775(总编室)	
(010)82562903(教材售后服务热线)	
(010)68948351(其他图书服务热线)	
网 址 / http://www.bitpress.com.cn	
经 销 / 全国各地新华书店	
印 刷 / 三河市天利华印刷装订有限公司	
开 本 / 787 毫米×1092 毫米 1/16	
印 张 / 18	责任编辑 / 钟 博
字 数 / 420 千字	文案编辑 / 钟 博
版 次 / 2020 年 6 月第 1 版 2020 年 6 月第 1 次印刷	责任校对 / 周瑞红
定 价 / 74.00 元	责任印制 / 施胜娟

图书出现印装质量问题,请拨打售后服务热线,本社负责调换

前　　言

1. 编写背景

Windows Server 2012 R2 是迄今为止最高级的 Windows Server 操作系统，同时也是目前微软公司主推的服务器操作系统，本书所有的内容均使用此版本。虽然 Windows Server 2012 R2 与 Windows Server 2012 是两个不同的操作系统，但由于设置与部署具有相似性，因此本书的内容同样适用于 Windows Server 2012。

鉴于未来的几年中 Windows Server 2012 R2 将逐渐替代 Windows Server 2008/2012 成为企业应用的首选 Windows 服务器操作系统，以及目前 Windows Server 2012 R2 教材严重缺乏的现状，为满足我国高等教育的需要，我们编写了这本"项目驱动、任务导向"的"教、学、做一体化"的 Windows Server 2012 R2 教材。

2. 本书特点

本书共包含 12 个项目，最大的特色是"易教易学"，音、视频等配套教学资源丰富。

（1）零基础教程，入门门槛低，很容易上手。本书采用"微课＋慕课"的方式，读者可随时随地学习。

（2）采用基于工作过程导向的"教、学、做一体化"的编写方式。

（3）每个项目都以企业应用真实案例为基础，配有音、视频教学资源。由于本书涉及很多具体操作，所以编者专门录制了大量音、视频进行讲解和实际操作，读者可以按照音、视频讲解很直观地学习、练习和应用，学习效果较好。

（4）提供大量企业真实案例，实用性和实践性强。对于本书列举的所有示例和实例，读者都可以在自己的实验环境中完整实现。

（5）打造立体化教材。电子资料、微课和实训项目视频为教和学提供了最大便利。项目实录视频是微软高级工程师录制的，包括项目背景、网络拓扑、项目实施、深度思考等内容，配合教材，极大方便了教师教学、学生预习、对照实训和自主学习。

索要授课计划、项目指导书、电子教案、电子课件、课程标准、大赛试卷、拓展提升内容、项目任务单、实训指导书等，请加编者的专业研讨 Windows&Linux（教师）QQ 群（189934741）以及 QQ（68433059）。PPT 教案、习题解答等必备资料可到北京理工大学出版社免费下载使用。

3. 教学大纲

本书的参考学时为 70 学时，其中实践环节为 40 学时，各项目的参考学时参见下面的学时分配表（电子资料请向编者或出版社索要）。

项目	课程内容	学时分配/学时	
		讲授	实训
项目1	利用 VMware Workstation 构建网络环境	4	4
项目2	规划与安装 Windows Server 2012 R2	2	4
项目3	管理域和活动目录	4	4
项目4	管理用户和组	2	2
项目5	管理文件系统与共享资源	4	4
项目6	配置远程桌面连接	2	2
项目7	配置与管理 DNS 服务器	4	4
项目8	配置与管理 DHCP 服务器	2	2
项目9	配置与管理 Web 服务器	4	4
项目10	配置与管理 FTP 服务器	2	2
项目11	配置与管理 VPN 服务器	2	2
项目12	配置与管理 NAT 服务器	2	2
学时总计/学时	—	34	36

本书由浙江东方职业技术学院唐柱斌、山东现代学院秦其虹、呼和浩特职业学院银少海担任主编，广东省粤东技师学院徐培镟、浪潮云信息技术有限公司薛立强和山东鹏森信息科技有限公司王春身担任副主编，王世存、杨秀玲、张晖参加了相关项目的编写。

编　者

2020 年 1 月 1 日于泉城

目　录

第1篇　系统安装与环境设置

第2篇　活动目录与系统管理

第3篇　常用网络服务

第 4 篇　网络互联与安全

第 1 篇
系统安装与环境设置

不积跬步，无以至千里。

——荀子《劝学》

项目 1

利用 VMware Workstation 构建网络环境

✅ **项目背景**

英国 17 世纪著名化学家罗伯特·波义耳说过:"实验是最好的老师"。实验是从理论学习到实践应用必不可少的一步,尤其在计算机、计算机网络、计算机网络应用这种实践性很强的学科领域,实验与实训更是重中之重。

选择一个好的虚拟机软件是顺利完成各类虚拟实验的基本保障。VMware Workstation 就是专门为微软公司的 Windows 操作系统及基于 Windows 操作系统的各类软件测试而开发的。VMware Workstation 软件功能强大。

✅ **学习要点**

本项目主要介绍虚拟机的基础知识和使用 VMware Workstation 软件建立虚拟网络环境的方法。

(1) 了解 VMware Workstation;

(2) 掌握 VMware Workstation 的配置;

(3) 掌握利用 VMWare Workstation 构建网络环境的方法和技巧。

1.1 相关知识

只有理论学习而没有经过一定的实践操作,一切都是"纸上谈兵",在实际应用中一些小问题都有可能成为不可逾越的"天堑"。然而,在许多时候人们不可能在已经运行的系统设备上进行各种实验,如果为了掌握某一项技术和操作而单独购买一套设备,在实际应用中几乎是不可能的。虚拟实验环境的出现和应用解决了以上问题。

"虚拟实验"即"模拟实验",是指借助一些专业软件的功能来实现与真实设备相同效果的过程。虚拟实验是当今技术发展的产物,也是社会发展的要求。

VMware Workstation 是一款功能强大的桌面虚拟计算机软件,它可在一部实体机器上模拟完整的网络环境以及虚拟计算机,对于企业的 IT 开发人员和系统管理员而言,VMware Workstation 在虚拟网络、快照等方面的特点使它成为重要的工具。

通过虚拟化服务,可以在一台高性能计算机上部署多个虚拟机,每一台虚拟机承载一个或多个服务系统。虚拟化有利于提高计算机的利用率，减少物理计算机的数量，并能通过一台宿主计算机管理多台虚拟机，让服务器的管理更为便捷高效。

1. VMware Workstation 的快照技术

磁盘"快照"是虚拟机磁盘文件（.vmdk）在某个时间点的复本。系统崩溃或系统异常时，用户可以通过恢复到快照来还原磁盘文件系统，使系统恢复到创建快照的位置。如果用户创建了多个虚拟机快照，那么将有多个还原点可以用于恢复。

为虚拟机创建每一个快照时，都会创建一个 delta 文件。当快照被删除或在快照管理里被恢复时，这些文件将自动删除。

快照文件最初很小，快照的增长率由服务器上磁盘写入活动发生次数决定。拥有磁盘写入增强应用的服务器，诸如 SQL 和 Exchange 服务器，它们的快照文件增长很快。另一方面，拥有大部分静态内容和少量磁盘写入的服务器，诸如 Web 和应用服务器，它们的快照文件增长很慢。当用户创建许多快照时，新 delta 文件被创建并且原先的 delta 文件变成只读文件。

2. VMware Workstation 的克隆技术

VMware Workstation 可以通过预先安装好的虚拟机 A 快速克隆出多台同 A 类似的虚拟机 A1、A2……此时源虚拟机 A 和克隆计算机 A1 和 A2 的硬件 ID 不同（如网卡 MAC），但操作系统 ID 和配置完全一致（如计算机名、IP 地址等）。如果计算机间的一些应用和操作系统 ID 相关，则会导致该应用出错或不成功，因此通常克隆计算机时还必须手动修改系统 ID。在活动目录环境中，计算机的系统 ID 不允许相同，因此克隆计算机时必须修改系统 ID 信息。

克隆有两种方式：完整克隆和链接克隆。

1）完整克隆

完整克隆相当于拷贝源虚拟机的硬盘文件（.vmdk），并创建一个和源虚拟机相同配置的硬件配置信息，完整克隆的虚拟机大小和源虚拟机大小相同。

由于克隆的虚拟机有自己独立的硬盘文件和硬件信息文件，因此克隆虚拟机和源虚拟机被系统认为是两个不同的虚拟机，它们可以被独立运行和操作。

由于克隆的虚拟机和源虚拟机的系统 ID 相同，通常克隆后都要修改系统 ID。

2）链接克隆

链接克隆要求源虚拟机创建一个快照，并基于该快照创建一个虚拟机。如果源虚拟机已经有了多个快照，链接克隆可以选择其中一个历史快照新建虚拟机。

链接克隆由于采用快照方式新建虚拟机，因此新建的虚拟机磁盘文件很小。类似差异存储技术，该磁盘文件仅保存后续改变的数据。

链接克隆需要的磁盘空间明显小于完整克隆，如果克隆的虚拟机数量太多，那么由于所有的克隆虚拟机都要访问源虚拟机的磁盘文件，大量虚拟机同时访问该磁盘文件将会导致系统性能下降。

由于克隆的虚拟机和源虚拟机的系统安全标识符（Security Identifiers，SID）相同，通常克隆后都要修改系统 SID。

SID 是标识用户、组和计算机账户的唯一的号码。在第一次创建该账户时，将给网络上的每一个账户发布一个唯一的 SID。

如果存在两个具有同样 SID 的账户，这两个账户将被鉴别为同一个账户，但是如果两台计算机是通过克隆得来的，那么它们将拥有相同的 SID，在域网络中将会导致无法唯一识别这两台计算机，因此克隆后的计算机需要重新生成一套 SID 以区别于其他计算机。

用户可以通过在命令行界面中输入"whoami/user"命令查看 SID，如图 1-1 所示。

图 1-1　查看 SID

技巧：使用命令"C:\windows\system32\sysprep\sysprep.exe"可以对 SID 进行重整。

1.2　项目设计及分析

1.2.1　项目设计

未名公司拟通过 Windows Server 2012 域管理公司用户和计算机，以便网络管理部的员工尽快熟悉 Windows Server 2012 域环境。

为了构建企业实际网络拓扑环境，网络管理部拟采用虚拟化技术，预先在一台高性能计算机上配置网络虚拟拓扑，并在此基础上创建虚拟机，模拟企业应用环境。网络拓扑如图 1-2 所示。

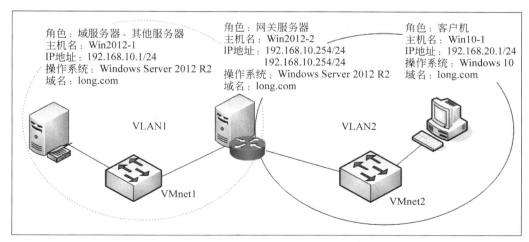

图 1-2　未名公司网络拓扑

在虚拟化技术构建的企业应用环境中实施活动目录，不仅可以让网络管理部员工尽快熟悉 AD 的相关知识和技能，还可以为企业前期部署 AD 可能遇到的问题提供宝贵的解决经验，确保企业 AD 的项目实施顺利进行。

1.2.2　项目分析

在一台普通计算机上安装 VMware Workstation 12.0，配置虚拟网卡 VMnetl 和 VMnet2，即达到搭建公司 VLAN1 和 VLAN2 的虚拟网络环境的要求，其中 VLAN1 对应 VMnet1，VLAN2 对应 VMnet2（Vmnet2 也可以用 VMnet8 代替）。

在 VMware Workstation 上创建虚拟机，并命名为"win2012 母盘"，使用 Windows Server 2012 R2 安装盘，按向导安装 Windows Server 2012 操作系统，完成第一台虚拟机的安装。通过 VMware Workstation 的克隆技术可以快速完成"域服务器"和"网关服务器"的安装。

同理，可在 VMware Workstation 上创建虚拟机，并命名为"win10 母盘"，使用 Windows10 安装盘，按向导安装 Windows 10 操作系统，完成虚拟机的安装。通过 VMware Workstation 的克隆技术可以快速完成客户机的安装。

1.3　项 目 实 施

任务 1-1　安装配置 VM 虚拟机"win2012 母盘"

（1）成功安装 VMware Workstation 后的界面如图 1-3 所示。

图 1-3　虚拟机软件的管理界面

（2）在图 1-3 所示界面中，单击"创建新的虚拟机"选项，并在弹出的"新建虚拟机向导"界面中选择"典型"选项，然后单击"下一步"按钮，如图 1-4 所示。

（3）选择"稍后安装操作系统"选项，然后单击"下一步"按钮，如图 1-5 所示。

<p>图1-4 "新建虚拟机向导"界面　　　　图1-5 选择虚拟机的安装来源</p>

注意

一定要选择"稍后安装操作系统"单选按钮，如果选择"安装程序光盘镜像文件"单选按钮，并把下载好的RHEL 7系统的镜像选中，虚拟机会通过默认的安装策略部署最精简的Linux系统，而不会再询问安装设置的选项。

（4）在图1-6所示界面中，将客户机操作系统的类型选择为"Microsoft Windows"，将版本选择为"Windows Server 2012"，然后单击"下一步"按钮。

（5）填写"虚拟机名称"字段，并在选择安装位置之后单击"下一步"按钮，如图1-7所示。

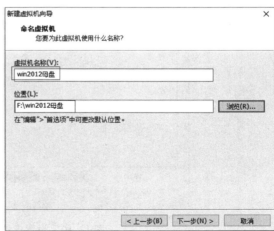

<p>图1-6 选择客户机操作系统的版本　　　　图1-7 命名虚拟机及设置安装路径</p>

（6）将虚拟机系统的"最大磁盘大小"设置为60.0 GB（默认即可），如图1-8所示，然后单击"下一步"按钮。

（7）如图1-9所示，单击"自定义硬件"按钮。

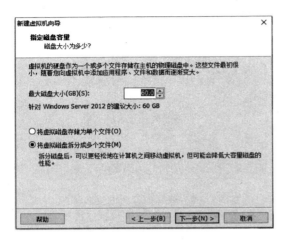

图1-8　设置虚拟机系统"最大磁盘大小"　　　　图1-9　虚拟机的配置界面

（8）在出现的图1-10所示界面中，建议将虚拟机系统内存的可用量设置为2 GB，最低不应低于1 GB。根据宿主机的性能设置虚拟机处理器的数量以及每个处理器的核心数量，并开启虚拟化功能，如图1-11所示。

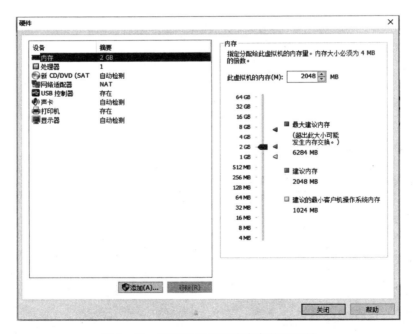

图1-10　设置虚拟机系统内存的可用量

图1-11 设置虚拟机的处理器参数

（9）对于光驱设备，此时应在"使用ISO映像文件"选项下方的下拉列表中选择下载好的Windows Server 2012 R2系统镜像文件，如图1-12所示。

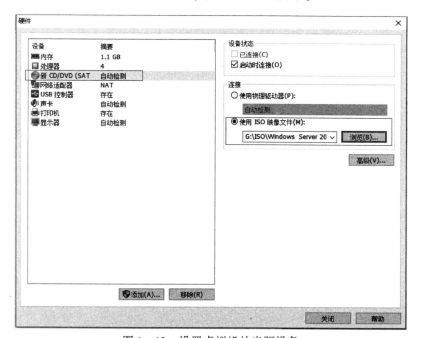

图1-12 设置虚拟机的光驱设备

（10）VM虚拟机软件为用户提供了3种可选的网络模式，分别为桥接模式、NAT模式与仅主机模式。这里选择"仅主机模式"，如图1-13所示。

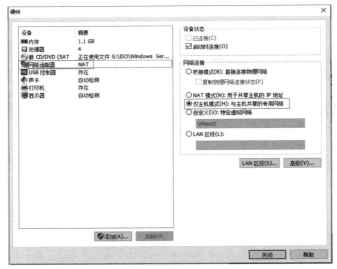

图1-13　设置虚拟机的网络适配器

①桥接模式：相当于在物理主机与虚拟机网卡之间架设了一座桥梁，从而可以通过物理主机的网卡访问外网。

② NAT 模式：让 VM 虚拟机的网络服务发挥路由器的作用，使得通过虚拟机软件模拟的主机可以通过物理主机访问外网，在真机中 NAT 虚拟机网卡对应的物理网卡是 VMnet8。

③仅主机模式：仅让虚拟机内的主机与物理主机通信，不能访问外网，在真机中仅主机模式模拟网卡对应的物理网卡是 VMnet1。

（11）把 USB 控制器、声卡、打印机等不需要的设备统统移除。移除声卡可以避免在输入错误时发出提示声音，确保人们在实验中思绪不被打扰，如图 1-14 所示，单击"关闭"按钮。

图1-14　最终的虚拟机配置情况

（12）返回虚拟机配置向导界面后单击"完成"按钮。虚拟机的安装和配置顺利完成。当看到图 1-15 所示界面时，说明虚拟机已经配置成功。

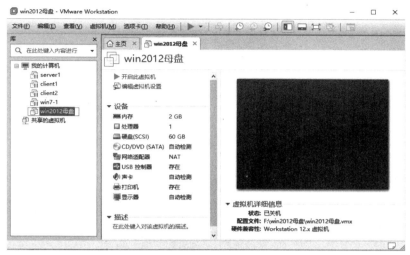

图 1-15　虚拟机配置成功的界面

（13）在图 1-15 所示界面中单击"开启此虚拟机"按钮后开始运行 Windows Server 2012 R2。请读者按向导完成一个简单的 Windows Server 2012 R2 操作系统的安装，其计算机名称为"win2012 母盘"（详细的 Windows Server 2012 R2 操作系统的安装与配置请参见项目 2）。

任务 1-2　克隆域服务器

STEP 1　打开 VMware Workstation 软件，用鼠标右键单击"win2012 母盘"，在弹出的快捷菜单中依次选择"管理"→"克隆"命令，如图 1-16 所示。

图 1-16　打开"克隆虚拟机向导"

克隆域服务器

STEP 2 在弹出的"欢迎使用克隆虚拟机向导"界面中单击"下一步"按钮，在"克隆自"选项区中选择"虚拟机中的当前状态"选项，如图1-17所示。

STEP 3 在"克隆方法"选项区中选择"创建链接克隆"选项，如图1-18所示。

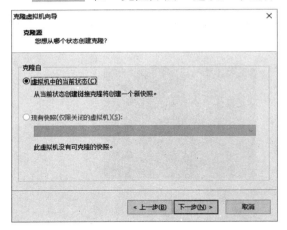

图1-17　选择克隆源

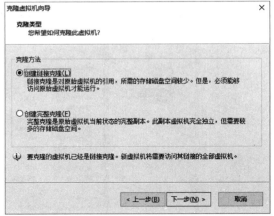

图1-18　选择克隆方法

STEP 4 输入新虚拟机名称并选择新虚拟机位置，如图1-19所示。

STEP 5 单击"完成"按钮，完成链接虚拟机的创建，如图1-20所示。

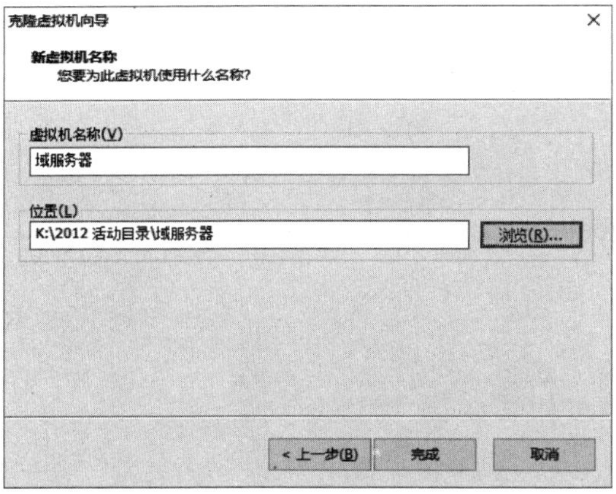

图1-19　设置新虚拟机的名称及位置 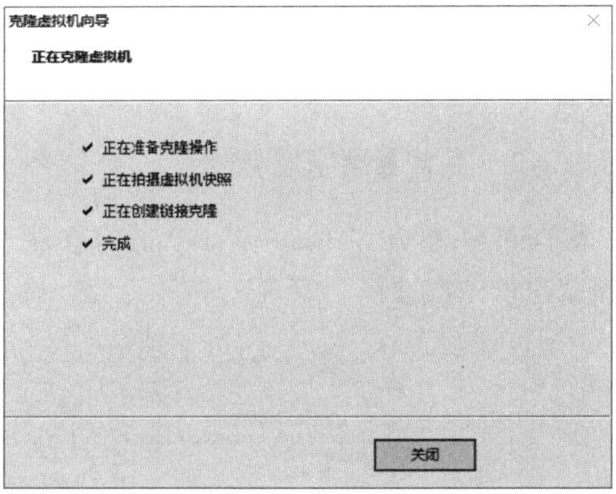　　　　图1-20　完成链接虚拟机的创建

STEP 6 使用同样的方式，在"win2012母盘"链接克隆出"网关服务器"虚拟机。

STEP 7 使用同样的方式，在"win10母盘"链接克隆出"客户机"虚拟机。

任务1-3　修改系统SID和配置网络适配器

STEP 1 用鼠标右键单击VMware Workstation中的"域服务器"虚拟机，在弹出的快捷菜单中选择"设置"命令，在弹出的对话框中选择"网络适配器"选项并在"网络连接"选项区"自定义（U）：特定虚拟网络"选项下方的下拉列表中选择"VMnet1（仅主机模式）"选项，如图1-21所示。

图 1-21　"虚拟机设置"对话框

STEP 2 启动"域服务器"虚拟机。

STEP 3 在启动后的虚拟机的命令窗口或 Power Shell 窗口输入命令"C：\windows\system32\sysprep\sysprep. exe"。在弹出的"系统准备工具 3.14"对话框中勾选"通用"复选框，重新生成 SID，如图 1-22 所示。

克隆网关服务器

图 1-22　用系统准备工具更改 SID

STEP 4 系统重新启动完成之后，用鼠标右键单击任务栏上的"开始"图标，在弹出的快捷菜单中选择"网络连接"命令，在弹出的"网络连接"对话框中选择"Ethernet0"网卡，并设置其 IP 地址为 192. 168. 10. 1，子网掩码为 255. 255. 255. 0，默认网关为 192. 168. 10. 254。

STEP 5 使用同样的方式，在"网关服务器"虚拟机中再添加一块网卡，将第一块网卡的"网络连接"改成"VMnet1"；将第二块网卡的"网络连接"改成"VMnet2"。

STEP 6 将"网关服务器"虚拟机开机并重新生成 SID。

STEP 7 配置"网关服务器"虚拟机"Ethernet0"网卡的 IP 地址为 192.168.10.254，子网掩码为 255.255.255.0，默认网关为空；"Ethernet1"网卡的 IP 地址为 192.168.20.254，子网掩码为 255.255.255.0，默认网关为空。

STEP 8 使用同样的方式，将"客户机"虚拟机网卡的"网络连接"改成"VMnet2"。

STEP 9 将"客户机"虚拟机开机并重新生成 SID。

STEP 10 配置"Ethernet0"网卡，设置其 IP 地址为 192.168.20.1，子网掩码为 255.255.255.0，默认网关为 192.168.20.254。

任务 1-4 启用"LAN 路由"

STEP 1 在"网关服务器"虚拟机的"服务器管理器"主窗口下，单击"添加角色和功能"按钮，在"选择服务器角色"界面勾选"远程访问"复选框，在"选择服务角色"界面勾选"路由"复选框并添加其所需要的功能，如图 1-23、图 1-24 所示。

图 1-23 "选择服务器角色"界面

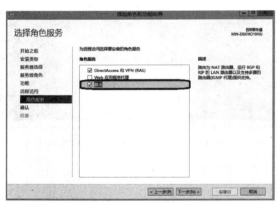

启动"LAN 路由"

图 1-24 "选择角色服务"界面

STEP 2 在"服务器管理器"主窗口下，单击"工具"按钮，选择"路由和远程访问"选项，在弹出的"路由和远程访问"对话框中单击鼠标右键，在弹出的快捷菜单中选择"配置并启用路由和远程访问"命令，如图 1-25 所示。

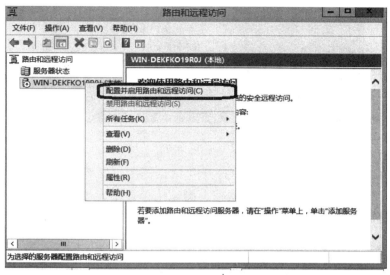

图1-25　"路由和远程访问"对话框

STEP 3 在弹出的"路由和远程访问服务器安装向导"对话框中并勾选"LAN 路由"复选框并启动服务，如图1-26所示。

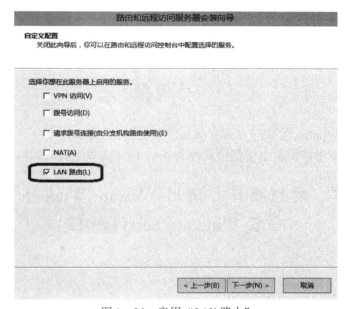

图1-26　启用"LAN 路由"

任务1-5　测试"客户机"和"域服务器"虚拟机的连通性

STEP 1 在"客户机"虚拟机中打开"命令提示符"窗口并输入"ping 192.168.10. 1"，测试能否和"域服务器"虚拟机通信，测试结果显示，"客户机"虚拟机能够和"域服务器"虚拟机进行通信，如图1-27所示。

测试"客户机"和
"域服务器"的连通性

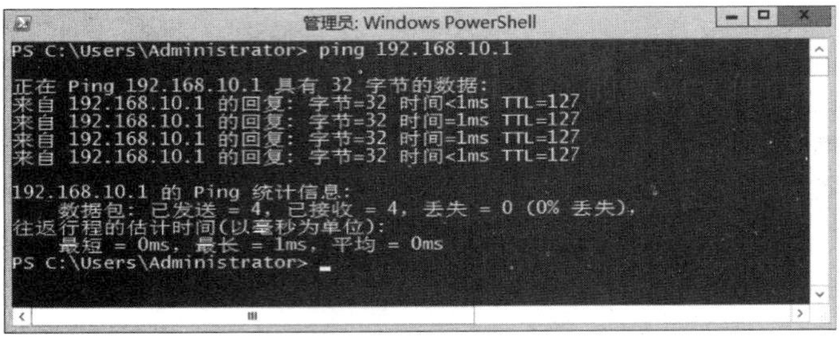

图 1 - 27　测试连通性（1）

STEP 2 在"域服务器"虚拟机中打开"命令提示符"窗口并输入"ping 192.168.20.1"，测试能否和"客户机"虚拟机通信，测试结果显示，"域服务器"虚拟机能够和"客户机"虚拟机进行通信，如图 1 - 28 所示。

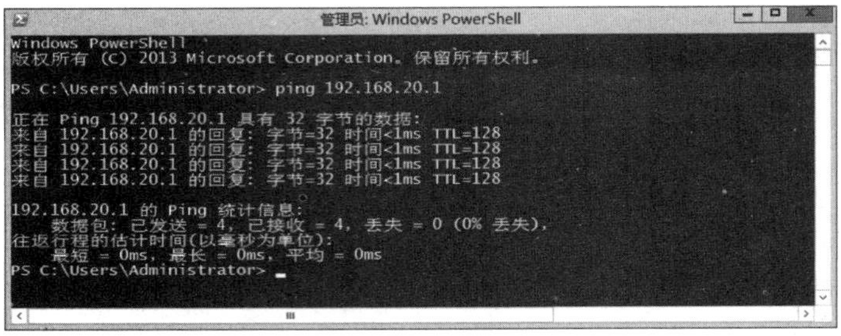

图 1 - 28　测试连通性（2）

1.4　习题

1. VMware Workstation 的联网方式有哪几种？它们有何区别？
2. 举例说明如何将虚拟机由桥接模式改为 NAT 模式或仅主机模式。

1.5　实训项目　使用 VMware Workstation 安装 Windows Server 2012

1. 实训目的

（1）熟练使用 VMware Workstation。

（2）掌握 VMware Workstation 的详细配置与管理。

（3）掌握使用 VMware Workstation 进行 Windows Server 2012 网络操作系统安装的方法。

2. 项目背景

公司新购进一台服务器，硬盘空间为 500 GB。该服务器已经安装了 Windows 7/8 网络操作系统，计算机名为"client1"。Windows Server 2012 R2 的镜像文件已保存在硬盘上。网络拓扑如图 1 - 29 所示。

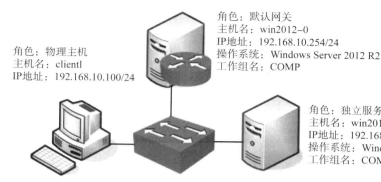

角色：默认网关
主机名：win2012-0
IP地址：192.168.10.254/24
操作系统：Windows Server 2012 R2
工作组名：COMP

角色：物理主机
主机名：client1
IP地址：192.168.10.100/24

角色：独立服务器
主机名：win2012-1
IP地址：192.168.10.1/24
操作系统：Windows Server 2012 R2
工作组名：COMP

图1-29　网络拓扑

3. 项目要求

（1）在 Windows 7/10 操作系统 client1 上安装 VMware Workstation 10/12，并在 VMware Workstation 中安装 Windows Server 2012 R2 网络操作系统。服务器的硬盘空间约为 500 GB。测试物理主机与虚拟机之间的通信状况。

（2）主分区 C：300 GB；主分区 D：100 GB；主分区 E：100 GB。

（3）要求 Windows Server 2012 的安装分区大小为 60 GB，文件系统格式为 NTFS，计算机名为"win2012-0"，管理员密码为 P@ ssw0rd1，服务器的 IP 地址为 192.168.10.1，子网掩码为 255.255.255.0，DNS 服务器的 IP 地址为 192.168.10.1，默认网关为 192.168.10.254，属于工作组 COMP。

（4）设置不同的虚拟机网络连接方式，测试物理主机与虚拟机之间的通信状况。

（5）为 win2012-0 添加第二块网卡和第二块硬盘。

（6）利用快照功能快速恢复到错误前的系统。

（7）利用克隆功能生成多个操作系统。

4. 做一做

根据实训项目录像进行项目的实训，检查学习效果。

项目 2

规划与安装 Windows Server 2012 R2

☑ 项目背景

某高校组建了学校的校园网，需要架设一台具有 Web、FTP、DNS、DHCP 等功能的服务器为校园网用户提供服务，现需要选择一种既安全又易于管理的网络操作系统。

在完成该项目之前，首先应当选定网络中计算机的组织方式；其次，根据 Microsoft 系统的组织确定每台计算机应当安装的版本；此后，还要对安装方式、安装磁盘的文件系统格式、安装启动方式等进行选择；最终才能开始系统的安装过程。

☑ 学习要点

本项目介绍 Windows Server 2012 R2 家族及其安装规划。

(1) 了解不同版本的 Windows Server 2012 R2 系统的安装要求；

(2) 了解 Windows Server 2012 R2 的安装方式；

(3) 掌握完全安装 Windows Server 2012 R2 的方法；

(4) 掌握配置 Windows Server 2012 R2 的方法。

2.1 相关知识

Windows Server 2012 R2 是基于 Windows8/Windows8.1 以及 Windows8RT/Windows8.1RT 界面的新一代 Windows Server 操作系统，提供企业级数据中心和混合云解决方案，易于部署，具有成本效益高、以应用程序为重点、以用户为中心的特点。

在 Microsoft 云操作系统版图的中心地带，Windows Server 2012 R2 将能够提供全球规模云服务的 Microsoft 体验带入用户的基础架构，在虚拟化、管理、存储、网络、虚拟桌面基础结构、访问和信息保护、Web 和应用程序平台等方面具备多种新功能和增强功能。

Windows Server 2012 R2 是微软公司的服务器系统，是 Windows Server 2012 的升级版本。微软公司于 2013 年 6 月 25 日正式发布 Windows Server 2012 R2 预览版，包括 Windows Server 2012 R2 Datacenter（数据中心版）预览版和 Windows Server 2012 R2 Essentials 预览版。Windows Server 2012 R2 正式版于 2013 年 10 月 18 日发布。

2.1.1 Windows Server 2012 R2 系统和硬件设备要求

Windows Server 2012 R2 功能涵盖服务器虚拟化、存储、软件定义网络、服务器管理和自动化、Web 和应用程序平台、访问和信息保护、虚拟桌面基础结构等。

（1）最低系统要求：

①处理器：1.4 GHz、64 位；

②RAM：512 MB；

③磁盘空间：32 GB。

（2）其他要求：

①DVD 驱动器；

②超级 VGA（800×600）或更高分辨率的显示器；

③键盘和鼠标（或其他兼容的指点设备）；

④Internet 访问（可能需要付费）。

（3）基于 x64 的操作系统：

确保具有已更新且已进行数字签名的 Windows Server 2012 R2 内核模式驱动程序。如果安装即插即用设备，则在驱动程序未进行数字签名时，可能会收到警告消息。如果安装的应用程序包含未进行数字签名的驱动程序，则在安装期间不会收到错误消息。在这两种情况下，Windows Server 2012 R2 均不会加载未签名的驱动程序。

（4）若要对当前启动进程禁用签名要求，执行以下操作：

①重新启动计算机，并在启动期间按 F8 键。

②选择"高级引导选项"选项。

③选择"禁用强制驱动程序签名"选项。

④引导 Windows 卸载未签名的驱动程序。

2.1.2 Windows Server 2012 R2 的安装方式

Windows Server 2012 R2 有多种安装方式，分别适用于不同的环境，选择合适的安装方式可以提高工作效率。除了常规的使用 DVD 启动安装方式（全新安装）以外，还有升级安装、通过 Windows 部署服务远程安装及服务器核心安装。

1. 全新安装

使用 DVD 启动服务器并进行全新安装，这是最基本的方法。根据提示信息适时插入 Windows Server 2012 R2 安装光盘即可。

2. 升级安装

Windows Server 2012 R2 的任何版本都不能在 32 位机器上进行安装或升级。遗留的 32 位服务器要想运行 Windows Server 2012 R2，Windows Server 2012 R2 必须升级到 64 位系统。

Windows Server 2012 R2 在开始升级过程之前，要确保断开一切 USB 或串口设备。Windows Server 2012 R2 安装程序会发现并识别它们，在检测过程中会发现 UPS 系统等此类问题。可以安装传统监控，然后再连接 USB 或串口设备。

理解软件升级的限制：

Windows Server 2012 R2 的升级过程也存在一些软件限制。例如，不能从一种语言升级到另一种语言，Windows Server 2012 R2 不能从零售版本升级到调试版本，也不能从预发布版本直接升级。在这些情况下，需要卸载干净再进行安装。从一个服务器核心升级到 GUI 安装模式是不允许的，反过来同样不允许。但是一旦安装了 Windows Server 2012 R2，Windows Server 2012 R2 可以在模式之间自由切换。

3. 通过 Windows 部署服务远程安装

如果网络中已经配置了 Windows 部署服务，则通过网络远程安装也是一种不错的选择。需要注意的是，采取这种安装方式必须确保计算机网卡具有 PXE（预启动执行环境）芯片，支持远程启动功能。否则，就需要使用"rbfg. exe"程序生成启动软盘来启动计算机进行远程安装。

在利用 PXE 功能启动计算机的过程中，根据提示信息按下引导键（一般为 F12 键），会显示当前计算机所使用的网卡的版本等信息，并提示用户按下键盘上的 F12 键，启动网络服务引导。

4. 服务器核心安装

服务器核心是从 Windows Server 2008 开始新推出的功能，如图 2 - 1 所示。确切地说，Windows Server 2012 R2 服务器核心是微软公司的革命性的功能部件，是不具备图形界面的纯命令行服务器操作系统，只安装了部分应用和功能，因此更加安全和可靠，同时降低了管理的复杂度。

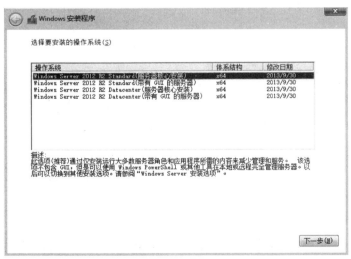

图 2 - 1　服务器核心

通过 RAID 卡实现磁盘冗余是大多数服务器常用的存储方案，该方案既可提高数据存储的安全性，又可以提高网络传输速度。带有 RAID 卡的服务器在安装和重新安装操作系统之前，往往需要配置 RAID。不同品牌和型号服务器的配置方法略有不同，应注意查看服务器使用手册。对于品牌服务器而言，也可以使用随机提供的安装向导光盘引导服务器，这样将会自动加载 RAID 卡和其他设备的驱动程序，并提供相应的 RAID 配置界面。

> **注意**
>
> 　　在安装 Windows Server 2012 R2 时，必须在"您想将 Windows 安装在何处"对话框中，单击"加载驱动程序"超链接，打开图 2-2 所示的"选择要安装的驱动程序"界面，为 RAID 卡安装驱动程序。另外，RAID 卡的设置应当在操作系统安装之前进行。如果重新设置 RAID 卡，将删除所有硬盘中的全部内容。

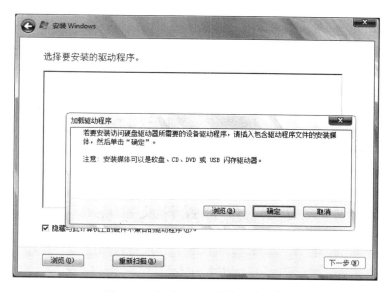

图 2-2　加载 RAID 卡的驱动程序

2.1.3　安装前的注意事项

　　为了保证 Windows Server 2012 R2 的顺利安装，在开始安装之前必须做好准备工作，如备份文件、检查系统兼容性等。

　　1. 切断非必要的硬件连接

　　如果当前计算机正与打印机、扫描仪、UPS（管理连接）等非必要外设连接，则在运行安装程序之前将其断开，因为安装程序将自动检测连接到计算机串行端的所有设备。

2. 检查硬件和软件的兼容性

启动安装程序时，执行的第一个过程是检查计算机硬件和软件的兼容性。安装程序在继续执行前将显示报告。使用该报告以及"Relnotes. htm"（位于安装光盘的"\Docs"文件夹）中的信息确定在升级前是否需要更新硬件、驱动程序或软件。

3. 检查系统日志

如果在计算机中安装有 Windows 2000/XP/2003/2008，建议使用"事件查看器"查看系统日志，寻找可能在升级期间引发问题的最新错误或重复发生的错误。

4. 备份文件

如果从其他操作系统升级至 Windows Server 2012 R2，建议在升级前备份当前的文件，包括含有配置信息（如系统状态、系统分区和启动分区）的所有内容，以及所有的用户和相关数据。建议将文件备份到各种不同的媒介，如磁带驱动器或网络上其他计算机的硬盘，尽量不要保存在本地计算机的其他非系统分区。

5. 断开网络连接

网络中可能会有病毒传播，因此，如果不是通过网络安装操作系统，在安装之前就应拔下网线，以免新安装的系统感染病毒。

6. 规划分区

Windows Server 2012 R2 要求必须安装在 NTFS 格式的分区上，全新安装时直接按照默认设置格式化磁盘即可。如果采用升级安装方式，则应预先将分区格式化成 NTFS 格式，并且如果系统分区的剩余空间不足 32 GB，则无法正常升级。建议将 Windows Server 2012 R2 目标分区至少设置为 60 GB 或更大。

2.2　项目设计及准备

2.2.1　项目设计

在为学校选择网络操作系统时，首先推荐 Windows Server 2012 R2 操作系统。在安装 Windows Server 2012 R2 操作系统时，根据教学环境的不同，为教与学的方便设计不同的安装形式。本项目在 VMware Workstation 中安装 Windows Server 2012 R2 操作系统。

（1）物理主机安装了 Windows 8/10，计算机名为"client1"。

（2）Windows Server 2012 R2　DVD – ROM 或镜像已准备好。

（3）要求 Windows Server 2012 R2 的安装分区大小为 55 GB，文件系统格式为 NTFS，计算机名为"win2012 – 1"，管理员密码为 P@ ssw0rd1，服务器的 IP 地址为 192. 168. 10. 1，子网掩码为 255. 255. 255. 0，DNS 服务器的 IP 地址为 192. 168. 10. 1，默认网关为 192. 168. 10. 254，属于工作组 COMP。

（4）按要求配置桌面环境，关闭防火墙，放行 ping 命令。

（5）该网络拓扑如图 2-3 所示。

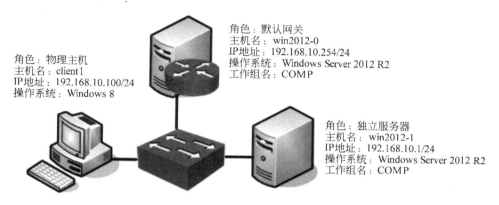

图 2-3　安装 Windows Server 2012 R2 的网络拓扑

2.2.2　项目准备

（1）准备满足硬件要求的计算机 1 台。

（2）准备 Windows Server 2012 R2 相应版本的安装光盘或镜像文件。

（3）用纸张记录安装文件的产品密匙（安装序列号），规划启动盘的大小。

（4）在可能的情况下，在运行安装程序前用磁盘扫描程序扫描所有硬盘，检查硬盘错误并进行修复，否则安装程序运行时，如检查到有硬盘错误会很麻烦。

（5）如果想在安装过程中格式化 C 盘或 D 盘（建议在安装过程中格式化用于安装 Windows Server 2012 R2 系统的分区），需要备份 C 盘或 D 盘中有用的数据。

（6）导出电子邮件账户和通讯簿：将"C:\Documents and Settings\Administrator（或自己的用户名）"中的"收藏夹"目录复制到其他盘，以备份收藏夹。

2.3　项目实施

Windows Server 2012 R2 操作系统有多种安装方式。下面讲解如何安装与配置 Windows Server 2012 R2。

任务 2-1　使用光盘安装 Windows Server 2012 R2

使用 Windows Server 2012 R2 企业版的引导光盘进行安装是最简单的安装方式。在安装过程中，需要用户干预的地方不多，只需掌握几个关键点即可顺利完成安装。需要注意的是，如果当前服务器没有安装 SCSI 设备或者 RAID 卡，则可以略过相应步骤。

提　示

下面的安装操作可以用 VMware 虚拟机来完成。需要创建虚拟机，设置虚拟机中使用的 ISO 镜像所在的位置、内存大小等信息。操作过程类似。

STEP 1 设置光盘引导。重新启动系统并把光盘驱动器设置为第一启动设备，保存设置。

STEP 2 从光盘引导。将 Windows Server 2012 R2 安装光盘放入光驱并重新启动。如果硬盘内没有安装任何操作系统，计算机会直接从光盘启动到安装界面；如果硬盘内安装有其他操作系统，计算机就会显示 "Press any key to boot from CD or DVD..." 的提示信息，此时在键盘上按任意键，才从光盘启动。

STEP 3 启动安装过程以后，显示图 2 – 4 所示的 "Windows 安装程序" 窗口，首先需要选择安装语言及输入法设置。

图 2 – 4　"Windows 安装程序" 窗口

STEP 4 单击 "下一步" 按钮，出现提示立即安装 Windows Server 2012 R2 的界面，如图 2 – 5 所示。

STEP 5 单击 "现在安装" 按钮，显示图 2 – 6 所示的 "选择要安装的操作系统" 对话框。"操作系统" 列表框中列出了可以安装的操作系统。这里选择 "Windows Server 2012 R2 Standard（带有 GUI 的服务器）选项"，安装 Windows Server 2012 R2 标准版。

STEP 6 单击 "下一步" 按钮，选择 "我接收许可条款" 选项，单击 "下一步" 按钮，出现图 2 – 7 所示的 "您想进行何种类型的安装？" 对话框。"升级" 选项用于从 Windows Server 2008 升级到 Windows Server 2012 R2，如果当前计算机没有安装操作系统，则该项不可用；"自定义（高级）" 选项用于全新安装。

图 2 - 5　提示立即安装 Windows Server 2012 R2 的界面

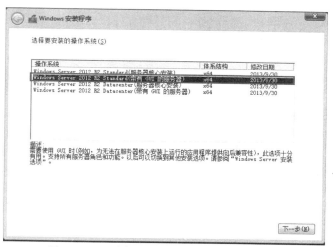

图 2 - 6　"选择要安装的操作系统"对话框

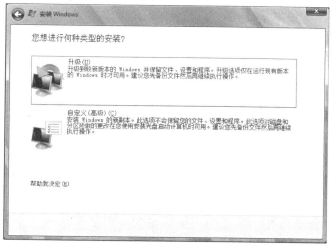

图 2 - 7　"您想进行何种类型的安装?"对话框

STEP 7 选择"自定义（高级）"选项，显示图2-8所示的"您想将Windows安装在哪里?"对话框，显示当前计算机硬盘上的分区信息。如果服务器安装有多块硬盘，则会依次显示为磁盘0、磁盘1、磁盘2……

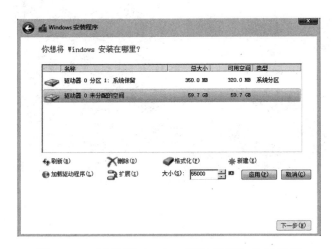

图2-8　"您想将Windows安装在哪里?"对话框

STEP 8 对硬盘进行分区，单击"新建"按钮，在"大小"文本框中输入分区大小，比如55 000 MB，如图2-8所示。单击"应用"按钮，弹出图2-9所示的自动创建额外分区的提示。单击"确定"按钮，完成系统分区（第一分区）和主分区（第二个分区）的建立。其他分区照此操作。

图2-9　创建额外分区的提示信息

STEP 9 完成分区后的窗口如图2-10所示。

STEP 10 选择第二个分区安装操作系统，单击"下一步"按钮，显示图2-11所示的"正在安装Windows"对话框，开始复制文件并安装Windows Server 2012 R2。

STEP 11 在安装过程中，系统会根据需要自动重新启动。在安装完成之前，要求用户设置Administrator的密码，如图2-12所示。

对于账户密码，Windows Server 2012 R2的要求非常严格，无论是管理员账户还是普通账户，都要求必须设置强密码。除必须满足"至少6个字符"和"不包含Administrator或admin"的要求外，还至少满足以下条件中的两个：

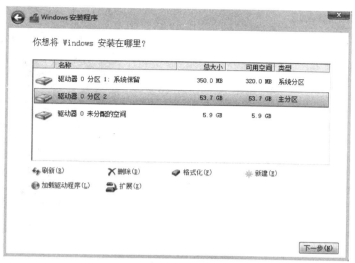

图 2-10　完成分区后的窗口

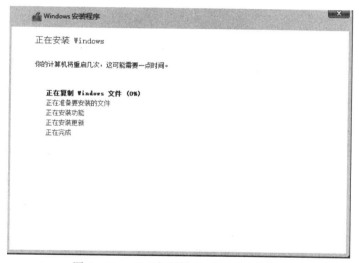

图 2-11　"正在安装 Windows" 对话框

（1）包含大写字母（A，B，C 等）；

（2）包含小写字母（a，b，c 等）；

（3）包含数字（0，1，2 等）；

（4）包含非字母数字字符（#，&，~ 等）。

STEP 12 按要求输入密码，按回车键，即可完成 Windows Server 2012 R2 的安装。按"Alt + Ctrl + Del"组合键，输入管理员密码即可以正常登录 Windows Server 2012 R2 系统。系统默认自动启动"初始配置任务"窗口，如图 2-13 所示。

图 2-12　提示用户设置密码

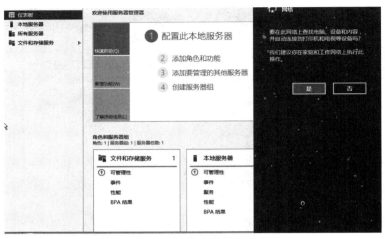

图 2－13　"初始配置任务"窗口

STEP 13 激活 Windows Server 2012 R2。单击"开始"→"控制面板"→"系统和安全"→"系统"菜单，打开图 2－14 所示的"系统"窗口。右下角显示 Windows 激活的状况，可以在此激活 Windows Server 2012 R2 和更改产品密钥。激活有助于验证 Windows 的副本是否为正版，以及在多台计算机上使用的 Windows 数量是否已超过 Microsoft 软件许可条款所允许的数量。激活的最终目的是防止软件伪造。如果不激活，可以试用 60 天。

图 2－14　"系统"窗口

至此，Windows Server 2012 R2 安装完成。

任务 2－2　配置 Windows Server 2012 R2

在安装完成后，应先设置一些基本配置，如计算机名、IP 地址、配置自动更新等，这些均可在"服务器管理器"中完成。

1. 更改计算机名

Windows Server 2012 R2 系统在安装过程中不需要设置计算机名，而是使用由系统随机配置的计算机名。但系统配置的计算机不仅冗长，而且不便于标记。因此，为了更好地标记和识别服务器，应将其更改为易记或有一定意义的名称。

STEP 1 选择"开始"→"管理工具"→"服务器管理器"选项，或者直接单击左下角的"服务器管理器"按钮，打开"服务器管理器"窗口，选择左侧的"本地服务器"选项，如图 2 – 15 所示。

图 2 – 15　"服务器管理器"窗口

STEP 2 单击"计算机名"和"工作组"后面的名称，对计算机名和工作组名进行修改即可。先单击计算机名，出现修改计算机名的对话框，如图 2 – 16 所示。

STEP 3 单击"更改"按钮，显示图 2 – 17 所示的"计算机名/域更改"对话框。在"计算机名"文本框中输入新的名称，如"win2012 – 1"。在"工作组"文本框中可以输入计算机所处的工作组名。

图 2 – 16　"系统属性"对话框

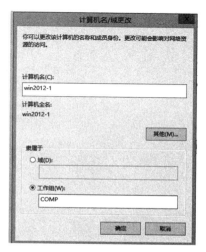

图 2 – 17　"计算机名/域更改"对话框

STEP 4 单击"确定"按钮，显示"欢迎加入 COMP 工作组"提示框，如图 2 – 18 所示。单击"确定"按钮，显示"重新启动计算机"提示框，提示必须重新启动计算机才能应用更改，如图 2 – 19 所示。

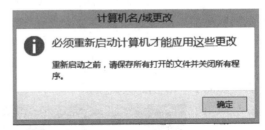

图 2 – 18　"欢迎加入 COMP 工作组"提示框　　　图 2 – 19　"重新启动计算机"提示框

STEP 5 单击"确定"按钮，回到"系统属性"对话框，单击"关闭"按钮，关闭"系统属性"对话框。接着出现对话框，提示必须重新启动计算机以应用更改。

STEP 6 单击"立即重新启动"按钮，即可重新启动计算机并应用新的计算机名。若单击"稍后重新启动"按钮，则不会立即重新启动计算机。

2. 配置网络

网络配置是提供各种网络服务的前提。Windows Server 2012 R2 安装完成以后，默认为自动获取 IP 地址，自动从网络中的 DHCP 服务器获得 IP 地址。不过，由于 Windows Server 2012 R2 用来为网络提供服务，所以通常需要设置静态 IP 地址。另外，还可以配置网络发现、文件和"打印机共享"等功能，实现与网络的正常通信。

1）配置 TCP/IP

STEP 1 用鼠标右键单击桌面右下角任务托盘区域的网络连接图标，选择快捷菜单中的"网络和共享中心"选项，打开图 2 –20 所示的"网络和共享中心"窗口。

图 2 –20　"网络和共享中心"窗口

STEP 2　单击"Ethernet0"，打开"Ethernet0 状态"对话框，如图 2 – 21 所示。

STEP 3　单击"属性"按钮，显示图 2 – 22 所示的"Ethernet0 属性"对话框。Windows Server 2012 R2 中包含 IPv6 和 IPv4 两个版本的 Internet 协议，并且默认都已启用。

STEP 4　在"此连接使用下列项目"选项框中选择"Internet 协议版本 4（TCP/IPv4）"选项，单击"属性"按钮，显示图 2 – 23 所示的"Internet 协议版本 4（TCP/ IPv4）属性"对话框。选择"使用下面的 IP 地址"选项，分别输入为该服务器分配的 IP 地址、子网掩码、默认网关和 DNS 服务器的 IP 地址。如果要通过 DHCP 服务器获取 IP 地址，则保留默认的"自动获得 IP 地址"选项。

图 2 – 21　"Ethernet0 状态"对话框

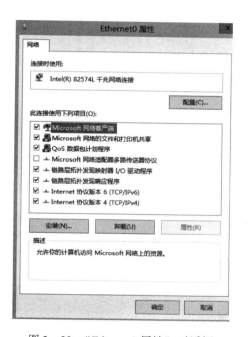

图 2 – 22　"Ethernet0 属性"对话框

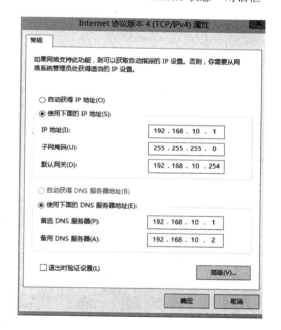

图 2 – 23　"Internet 协议版本 4（TCP/IPv4）属性"对话框

STEP 5　单击"确定"按钮，保存所作的修改。

2）启用网络发现功能

Windows Server 2012 R2 的网络发现功能用来控制局域网中计算机和设备的发现与隐藏。如果启用网络发现功能，则可以显示当前局域网中发现的计算机，也就是网络邻居功能。同时，其他计算机也可发现当前计算机。如果禁用网络发现功能，则既不能发现其他计算机，也不能被发现。不过，关闭网络发现功能时，其他计算机仍可以通过搜索或指定计算机名、

IP 地址的方式访问该计算机，但不会显示在其他用户的"网络邻居"中。

为了便于计算机之间的互相访问，可以启用网络发现功能。在图 2 – 20 所示的"网络和共享中心"窗口中单击"更改高级共享设置"按钮，出现图 2 – 24 所示的"高级共享设置"窗口，选择"启用网络发现"选项，并单击"保存更改"按钮即可。

图 2 – 24　"高级共享设置"窗口（1）

当重新打开"高级共享设置"窗口时仍然显示"关闭网络发现"选项被选中。如何解决这个问题呢？

为了解决这个问题，需要在服务中启用以下 3 个服务：

（1）Function Discovery Resource Publication；

（2）SSDP Discovery；

（3）UPnP Device Host。

将以上 3 个服务设置为自动并启动，就可以解决问题了。

> **提　示**
>
> 　选择"开始"→"管理工具"→"服务"选项，将上述 3 个服务设置为自动并启动即可。

3）文件和打印机共享

网络管理员可以通过启用或关闭文件和打印机共享功能，为其他用户提供服务或访问其他计算机共享资源。在图 2 – 24 所示的"高级共享设置"窗口中选择"启用文件和打印机共享"选项，并单击"保存更改"按钮，即可启用文件和打印机共享功能。

4）密码保护共享

在图 2 – 24 所示的"高级共享设置"窗口中，单击"所有网络"右侧的"⌄"按钮，展开"所有网络"的高级共享设置，如图2-25所示。

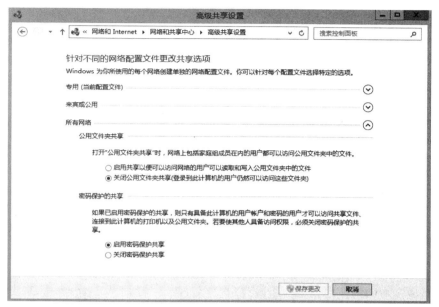

图2-25 "高级共享设置"窗口（2）

（1）可以选择"启用共享以便可以访问网络的用户可以读取和写入公用文件夹中的文件"选项。

（2）如果启用密码保护共享功能，则其他用户必须使用当前计算机上有效的用户账户和密码才可以访问共享资源。Windows Server 2012 R2 默认启用该功能。

3. 配置虚拟内存

在 Windows Server 2012 R2 中，如果内存不够，系统会把内存中暂时不用的一些数据写到磁盘上，以腾出内存空间给别的应用程序使用；当系统需要这些数据时，再重新把数据从磁盘读回内存中。用来临时存放内存数据的磁盘空间称为虚拟内存。建议将虚拟内存的大小设为实际内存的1.5倍，虚拟内存太小会导致系统没有足够的内存运行程序，特别是当实际的内存不大时。下面是设置虚拟内存的具体步骤：

STEP 1 选择"开始"→"控制面板"→"系统和安全"→"系统"命令，然后选择"高级系统设置"命令，打开"系统属性"对话框，再单击"高级"选项卡，如图2-26所示。

STEP 2 单击"设置"按钮，打开"性能选项"对话框，再单击"高级"选项卡，如图2-27所示。

STEP 3 单击"更改"按钮，打开"虚拟内存"对话框，如图2-28所示。去除勾选的"自动管理所有驱动器的分页文件大小"复选框。选择"自定义大小"选项，并设置初始大小为40 000 MB，最大值为60 000 MB，然后单击"设置"按钮，最后单击"确定"按钮并重启计算机，即可完成虚拟内存的设置。

图 2-26 "系统属性"对话框

图 2-27 "性能选项"对话框 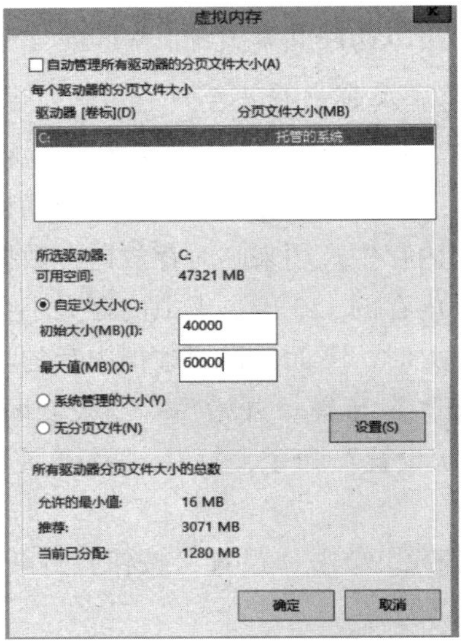　　　　图 2-28 "虚拟内存"对话框

注意

虚拟内存可以分布在不同的驱动器中，总的虚拟内存等于各个驱动器上的虚拟内存之和。如果计算机上有多个物理磁盘，建议把虚拟内存放在不同的磁盘上以增加虚拟内存的读写性能。虚拟内存的大小可以自定义，即管理员手动指定，或者由系统自行决定。页面文件所使用的文件名是根目录下的"pagefile. sys"，不要轻易删除该文件，否则可能导致系统崩溃。

4. 设置显示属性

在"外观"对话框中可以对计算机的显示、任务栏和"开始"菜单、轻松访问中心、文件夹选项和字体进行设置。设置显示属性的具体步骤如下：

选择"开始"→"控制面板"→"外观"→"显示"命令，打开"显示"窗口，如图2-29所示。可以对分辨率、桌面背景、窗口颜色、屏幕保护程序、显示器设置、ClearType文本和自定义文本大小（DPI）进行逐项设置。

图 2 - 29 "显示"窗口

5. 配置防火墙，放行 ping 命令

Windows Server 2012 R2 安装后，默认自动启用防火墙，而且 ping 命令默认被阻止，ICMP协议包无法穿越防火墙。为了后面实训的要求及实际需要，应该设置防火墙，允许ping 命令通过。若要放行 ping 命令，有两种方法。

一是在防火墙设置中新建一条允许 ICMP v4 协议通过的规则并启用；二是在防火墙设置中，在"入站规则"中启用"文件和打印机共享（回显请求 – ICMP v4 – In）（默认不启用）"的预定义规则。下面介绍第一种方法的具体步骤：

STEP 1 选择"开始"→"控制面板"→"系统和安全"→"Windows 防火墙"→"高级设置"命令。在打开的"高级安全 Windows 防火墙"窗口中，单击左侧目录树中的"入站规则"，如图 2 – 30 所示（第二种方法在此入站规则中设置即可，请读者思考）。

图 2 – 30　"高级安全 Windows 防火墙"窗口

STEP 2 单击"操作"列的"新建规则"按钮，出现"新建入站规则向导"窗口，选择"规则类型"→"自定义"选项，如图 2 – 31 所示。

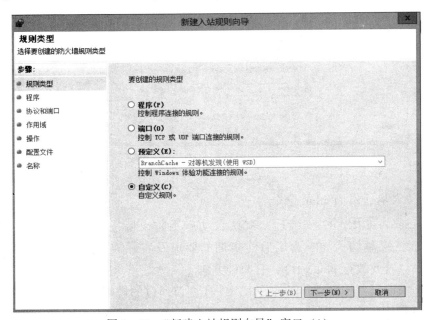

图 2 – 31　"新建入站规则向导"窗口（1）

STEP 3 选择"步骤"列的"协议和端口"选项，如图2-32所示。在"协议类型"下拉列表中选择"ICMP v4"选项。

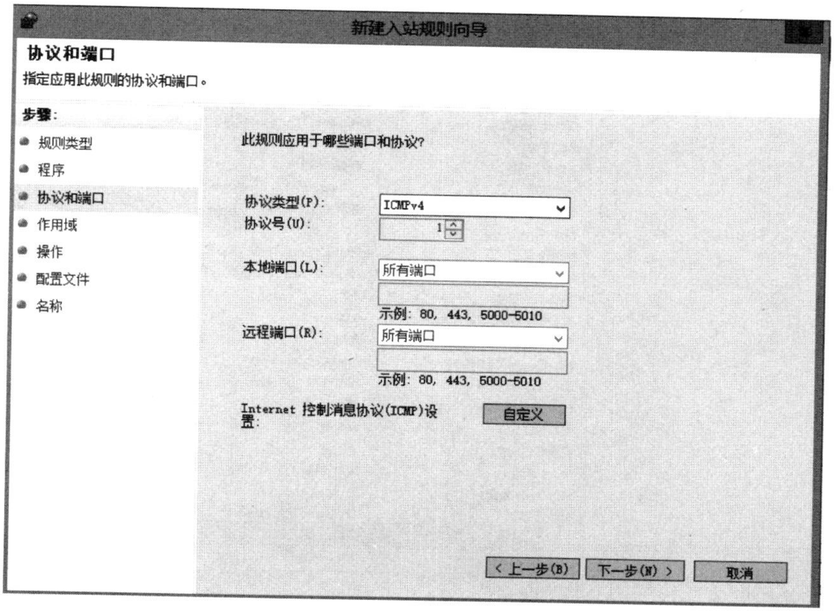

图2-32 "新建入站规则向导"窗口 (2)

STEP 4 单击"下一步"按钮，在出现的对话框中选择应用于哪些本地IP地址和哪些远程IP地址。

STEP 5 单击"下一步"按钮，选择"允许连接"选项。

STEP 6 单击"下一步"按钮，选择何时应用本规则。

STEP 7 单击"下一步"按钮，输入本规则的名称，比如"ICMP v4协议规则"。单击"完成"按钮，使新规则生效。

6. 查看系统信息

系统信息包括硬件资源、组件和软件环境等内容。选择"开始"→"管理工具"→"系统信息"命令，显示图2-33所示的"系统信息"窗口。

7. 设置自动更新

系统更新是Windows系统必不可少的功能，Windows Server 2012 R2也是如此。为了增强系统功能，避免漏洞造成故障，必须及时安装更新程序，以保护系统的安全。

单击左下角"开始"菜单右侧的"服务器管理器"图标，打开"服务器管理器"窗口。选中左侧的"本地服务器"，在"属性"区域中单击"Windows更新"右侧的"未配置"超链接，显示图2-34所示的"Windows更新"窗口。

单击"更改设置"链接，显示图2-35所示的"更改设置"窗口，在"选择你的Windows更新设置"区域中选择一种更方新法即可。

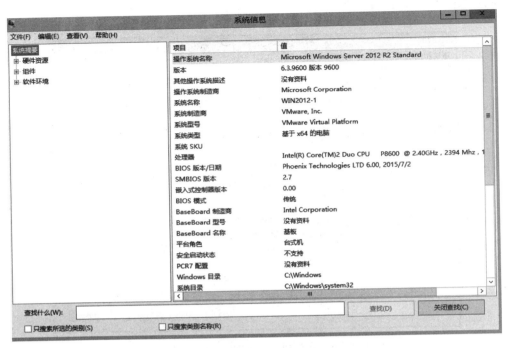

图 2 – 33 "系统信息"窗口

图 2 – 34 "Windows 更新"窗口

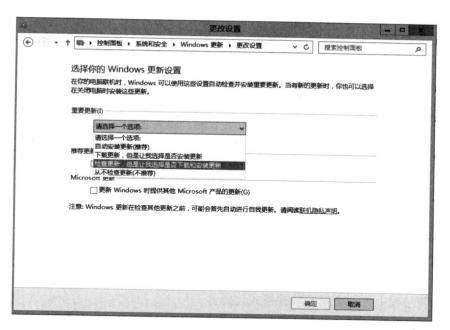

图2-35 "更改设置"窗口

单击"确定"按钮保存设置。Windows Server 2012 R2 会根据所作配置自动从 Windows Update 网站检测并下载更新程序。

2.4 习题

一、填空题

1. Windows Server 2012 R2 所支持的文件系统包括_____、_____、_____。Windows Server 2012 R2 系统只能安装在_____文件系统分区。

2. Windows Server 2012 R2 有多种安装方式，分别适用于不同的环境，选择合适的安装方式可以提高工作效率。除了常规的使用 DVD 启动安装方式以外，还有_____、_____及_____。

4. 安装 Windows Server 2012 R2 时，内存至少不低于_____，硬盘的可用空间不低于_____，并且只支持_____位版本。

5. Windows Server 2012 R2 管理员口令必须符合以下条件：(1) 至少6个字符；(2) 不包含 Administrator 或 admin；(3) 包含_____、_____、大写字母（A～Z）、小写字母（a～z）4组字符中的2组。

6. Windows Server 2012 R2 中的_____相当于 Windows Server 2003 中的 Windows 组件。

7. 页面文件所使用的文件名是根目录下的_____，不要轻易删除该文件，否则可能导致系统崩溃。

8. 虚拟内存的大小建议为实际内存的_____。

二、选择题

1. 在 Windows Server 2012 R2 系统中，如果要输入 DOS 命令，则在"运行"对话框中输入（   ）。

A. CMD   B. MMC   C. AUTOEXE   D. TTY

2. Windows Server 2012 R2 系统安装时生成的"Documents and Settings""Windows"以及"Windows \ System32"文件夹是不能随意更改的，因为它们是（   ）。

A. Windows 的桌面

B. Windows 正常运行时所必需的应用软件文件夹

C. Windows 正常运行时所必需的用户文件夹

D. Windows 正常运行时所必需的系统文件夹

3. 有一台服务器的操作系统是 Windows Server 2008，文件系统是 NTFS，无任何分区，现要求对该服务器进行 Windows Server 2012 R2 的安装，保留原数据，但不保留操作系统，应（   ）才能满足需求。

A. 在安装过程中进行全新安装并格式化磁盘

B. 对原操作系统进行升级安装，不格式化磁盘

C. 做成双引导系统，不格式化磁盘

D. 重新分区并进行全新安装

4. 现要在一台装有 Windows Server 2008 操作系统的机器上安装 Windows Server 2012 R2，并做成双引导系统。此计算机硬盘的大小是 200 GB，有两个分区：C 盘 100 GB，文件系统是 FAT；D 盘 100 GB，文件系统是 NTFS。为使计算机成为双引导系统，下列哪个选项是最好的方法？（   ）

A. 安装时选择升级选项，并且选择 D 盘作为安装盘

B. 全新安装，选择 C 盘上与 Windows 相同的目录作为 Windows Server 2012 R2 的安装目录

C. 升级安装，选择 C 盘上与 Windows 不同的目录作为 Windows Server 2012 R2 的安装目录

D. 全新安装，且选择 D 盘作为安装盘

5. 与 Windows Server 2003 相比，（   ）不是 Windows Server 2012 R2 的新特性。

A. Active Directory   B. 服务器核心

C. Power Shell   D. Hyper – V

三、简答题

1. 简述 Windows Server 2012 R2 系统的最低硬件配置需求。

2. 在安装 Windows Server 2012 R2 前有哪些注意事项？

2.5 项目实训 基本配置 Windows Server 2012 R2

1. 实训目的

（1）掌握 Windows Server 2012 R2 网络操作系统的桌面环境配置。

（2）掌握 Windows Server 2012 R2 防火墙的配置。

（3）掌握 Windows Server 2012 R2 控制台（MMC）的应用。

（4）掌握在 Windows Server 2012 R2 中添加角色和功能的方法。

2. 项目背景

公司新购进一台服务器，硬盘空间为 500 GB。已经安装了 Windows 8 网络操作系统和 VMware Workstation，计算机名为"client1"。Windows Server 2012 R2 的镜像文件已保存在硬盘上。网络拓扑如图 2 – 36 所示。

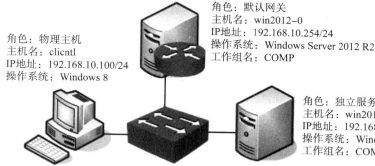

图 2 – 36　网络拓扑

3. 项目要求

实训项目要求如下：

（1）配置桌面环境。

①对"开始"菜单进行自定义设置。

②将虚拟内存大小设为实际内存的 2 倍。

③设置文件夹选项。

④设置显示属性。

⑤查看系统信息。

⑥设置自动更新。

（2）关闭防火墙。

（3）使用规划放行 ping 命令。

（4）测试物理主机（client1）与虚拟机（win2012 – 0）之间的通信。

（5）使用控制台（MMC）。

（6）添加角色和功能。

4. 做一做

根据实训项目录像进行项目的实训，检查学习效果。

第 2 篇
活动目录与系统管理

欲穷千里目，更上一层楼。

——（唐）王之涣《登鹳雀楼》

项目 3

管理域和活动目录

项目背景

公司组建的单位内部的办公网络原来是基于工作组的，近期由于公司业务发展，人员激增，基于方便和网络安全管理的需要，考虑将基于工作组的网络升级为基于域的网络，现在需要将一台或多台计算机升级为域控制器，并将其他所有计算机加入域成为成员服务器，同时将原来的本地用户账户和组也升级为域用户和组进行管理。

学习要点

（1）掌握规划和安装局域网中的活动目录的方法；
（2）掌握创建目录林根级域的方法；
（3）掌握安装额外域控制器的方法；
（4）掌握服务器角色转换的方法。

3.1　相关知识

Active Directory 又称为活动目录，是 Windows 2000 和 Windows Server 2003/2008 系统中非常重要的目录服务。Active Directory 用于存储网络上各种对象的有关信息，包括用户账户、组、打印机、共享文件夹等，并把这些数据存储在目录服务数据库中，以便于管理员和用户查询及使用。活动目录具有安全性、可扩展性、可伸缩性的特点，与 DNS 集成在一起，可基于策略进行管理。

3.1.1　活动目录

活动目录就是 Windows 网络中的目录服务。所谓目录服务，有两方面内容：目录和与目录相关的服务。

这里所说的目录其实是一个目录数据库，是存储整个 Windows 网络的

AD DS 域服务
相关知识（一）

用户账户、组、打印机、共享文件夹等各种对象的一个物理上的容器，从静态的角度来理解活动目录，它与平常的"目录"和"文件夹"没有本质区别，仅是一个对象，是一个实体。目录数据库使整个 Windows 网络的配置信息集中存储，使管理员在管理网络时可以集中管理

而不是分散管理。

目录服务是使目录中所有信息和资源发挥作用的服务。目录数据库存储的信息都是经过事先整理的信息。这使用户可以非常方便、快速地找到所需要的数据，也可以方便地对活动目录中的数据执行添加、删除、修改、查询等操作。所以，活动目录更是一种服务。

总之，活动目录是一个分布式的目录服务，信息可以分散在多台不同的计算机上，保证用户能够快速访问，因为多台计算机上有相同的信息，所以活动目录在信息容错方面具有很强的控制能力，既提高了管理效率，又使网络应用更加方便。

3.1.2 域和域控制器（DC）

域是在 Windows NT/2000/2003/2008 网络环境中组建客户机/服务器网络的实现方式。所谓域，是由网络管理员定义的一组计算机集合，实际上就是一个网络。在这个网络中，至少有一台称为域控制器的计算机充当服务器角色。在域控制器中保存着整个网络的用户账号及目录数据库，即活动目录。管理员可以通过修改活动目录的配置来实现对网络的管理和控制。如管理员可以在活动目录中为每个用户创建域用户账号，使他们可登录域并访问域的资源。同时，管理员也可以控制所有网络用户的行为，如控制用户能否登录、在什么时间登录、登录后能执行哪些操作等。域中的客户计算机要访问域的资源，则必须先加入域，并通过管理员为其创建的域用户账号登录域，同时必须接受管理员的控制和管理。构建域后，管理员可以对整个网络实施集中控制和管理。

3.1.3 域目录树

当要配置一个包含多个域的网络时，应该将网络配置成域目录树结构，如图 3 - 1 所示。

AD DS 域服务
相关知识（二）

在图 3 - 1 所示的域目录树中，最上层的域名为 China.com，是这个域目录树的根域，也称为父域。下面两个域 Jinan.China.com 和 Beijing.China.com 是 China.com 域的子域，3 个域共同构成了这个域目录树。

活动目录的域名仍然采用 DNS 域名的命名规则进行命名。例如在图 3 - 1 所示的域目录树中，两个子域的域名 Jinan.China.com 和 Beijing.China.com 中仍包含父域的域名 China.com，因此，它们的名称空间是连续的。这也是判断两个域是否属于同一个域目录树的重要条件。

在整个域目录树中，所有域共享同一个活动目录，即整个域目录树中只有一个活动目录。只不过这个活动目录分散地存储在不同的域中（每个域只负责存储和本域有关的数据），整体上形成一个大的分布式的活动目录数据库。在配置一个较大规模的企业网络时，可以配置为域目录树结构，比如将企业总部的网络配置为根域，将各分支机构的网络配置为子域，整体上形成一个域目录树，以实现集中管理。

图 3 - 1　域目录树

3.1.4　域目录林

如果网络的规模比前面提到的域目录树还要大，甚至包含了多个域目录树，这时可以将网络配置为域目录林（也称森林）结构。域目录林由一个或多个域目录树组成，如图 3 - 2 所示。域目录林中的每个域目录树都有唯一的命名空间，它们之间并不是连续的，这一点从图 3 - 2 所示的两个目录树中可以看到。

在整个域目录林中也存在着一个根域，这个根域是域目录林中最先安装的域。在图 3 - 2 所示的域目录林中，China. com 是最先安装的，则这个域是域目录林的根域。

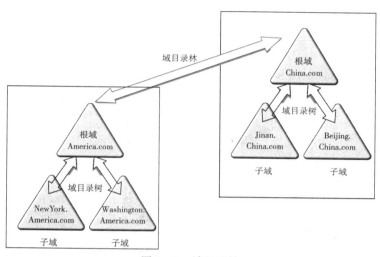

图 3 - 2　域目录林

 注意

在创建域目录林时，组成域目录林的两个域目录树的树根之间会自动创建相互的、可传递的信任关系。由于有了双向的信任关系，域目录林的每个域中的用户都可以访问其他域的资源，也可以从其他域登录本域。

3.1.5　全局编录

有了域目录林之后，同一域目录林中的域控制器共享一个活动目录，这个活动目录是分散存放在各个域的域控制器上的，每个域中的域控制器存有该域的对象的信息。如果一个域的用户要访问另一个域中的资源，这个用户要能够查找到另一个域中的资源才行。为了让每个用户能够快速查找到另一个域内的对象，微软公司设计了全局编录（Global Catalog，GC）。全局编录包含了整个活动目录中每个对象的最重要属性（即部分属性，而不是全部），这使用户或者应用程序即使不知道对象位于哪个域内，也可以迅速找到被访问的对象。

AD DS 域服务
相关知识（三）

3.2 项目设计及准备

3.2.1 设计

下面利用图 3－3 来说明如何建立第 1 个域目录林中的第 1 个域（根域）：先安装一台 Windows Server 2012 R2 服务器，然后将其升级为域控制器并建立域。架设此域的第 2 台域控制器（Windows Server 2012 R2）、第 3 台域控制器（Windows Server 2012 R2）、一台成员服务器（Windows Server 2012 R2）和一台加入 AD DS 域的 Windows 10 计算机。

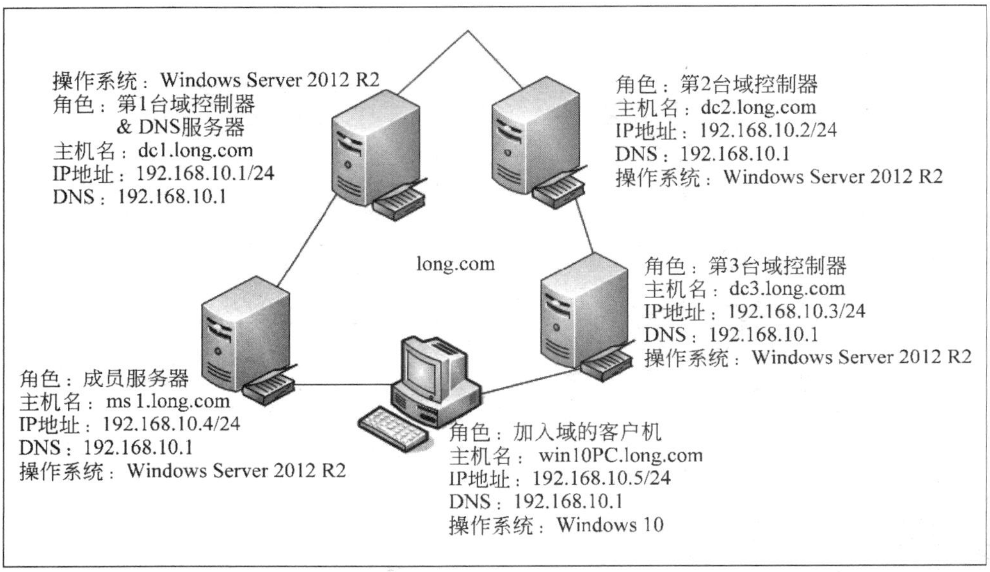

图 3－3　AD DS 网络规划拓扑

提　　示

建议利用 VMWare Workstation 或 Windows Server 2012 R2 Hyper－V 等提供虚拟环境的软件搭建图 3－3 所示的网络环境。若复制（克隆）现有虚拟机，记得执行“Sysprep. exe”并勾选“通用”选项。在项目 1 对此已有详述，在此不再赘述。

3.2.2 项目准备

要将图 3－3 左上角的服务器升级为域控制器（安装 Active Directory 域服务），因为它是第 1 台域控制器，因此这个升级操作会同时完成下面的工作：

（1）建立第 1 个新域目录林；

（2）建立此新域目录林中的第 1 个域目录树；

（3）建立此新域目录树中的第 1 个域；

（4）建立此新域中的第 1 台域控制器。

换句话说，在建立图 3 - 3 中第 1 台域控制器 dc1. long. com 时，它就会同时建立此域控制器所隶属的域 long. com、域 long. com 所隶属的域目录树，而域 long. com 也是此域目录树的根域。由于是第 1 个域目录树，因此它同时会建立一个新域目录林，域目录林名称就是第 1 个域目录树根域的域名 long. com，域 long. com 就是整个域目录林的林根域。

通过新建服务器角色的方式，将图 3 - 3 中左上角的服务器 dc1. long. com 升级为网络中的第一台域控制器。

 注意

超过一台的计算机参与部署环境时，一定保证各计算机间的通信畅通，否则无法进行后续的工作。当使用 ping 命令测试失败时，有两种可能：一种可能是计算机间的配置确实存在问题，比如 IP 地址、子网掩码等；另一种可能是本身计算机间的通信是畅通的，但对方防火墙等阻挡了 ping 命令的执行。第 2 种情况可以参考编者的《Windows Server 2012 网络操作系统项目教程（第 4 版）》（ISBN：978 - 7 - 115 - 4229 - 1，人民邮电出版社，2016）中 "2.3.2　任务 2　配置 Windows Server 2012 R2" 中的 "配置防火墙，放行 ping 命令" 相关内容进行相应处理，或者关闭防火墙。

3.3　项目实施

任务 3 - 1　创建第 1 个域（目录林根级域）

由于域控制器所使用的活动目录和 DNS 有着非常密切的关系，因此网络中要求有 DNS 服务器存在，并且 DNS 服务器要支持动态更新。如果没有 DNS 服务器存在，可以在创建域时安装 DNS 服务器。这里假设图 3 - 3 中的服务器 dc1. long. com 未安装 DNS，并且是该域目录林中的第 1 台域控制器。

创建第一个域

1. 安装 Active Directory 域服务

活动目录在整个网络中的重要性不言而喻。经过 Windows Server 2003 和 Windows Server 2008 的不断完善，Windows Server 2012 R2 中的活动目录服务功能更加强大、管理更加方便。在 Windows Server 2012 R2 系统中安装活动目录时，需要先安装 Active Directory 域服务，然后将此服务器提升为域控制器，从而完成活动目录的安装。

Active Directory 域服务的主要作用是存储目录数据并管理域之间的通信，包括用户登录处理、身份验证和目录搜索等。

STEP 1　先在图 3 - 3 中左上角的服务器 dc1. long. com 上安装 Windows Server 2012 R2，将其计算机名称设置为 "dc1"，IPv4 地址等按图 3 - 3 所示进行配置。注意将计算机名称设置为 "dc1" 即可，等升级为域控制器后，它会自动被改为 "dc1. long. com"。

STEP 2 以管理员身份登录 dc1，选择"开始"→"管理工具"→"服务器管理器"→"仪表板"选项，单击"添加角色和功能"按钮，打开图 3 – 4 所示的"添加角色和功能向导"界面。

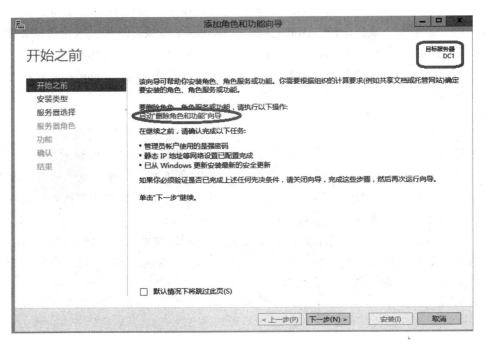

图 3 – 4 "添加角色和功能向导"界面

提　　示

请注意图 3 – 4 所示的"启动'删除角色和功能'向导"按钮。如果安装完 Active Directory 服务后，需要删除该服务角色，请单击此按钮，完成 Active Directory 域服务的删除。

STEP 3 直到显示图 3 – 5 所示的"选择服务器角色"窗口时，勾选"Active Directory 域服务"复选框，单击"添加功能"按钮。

STEP 4 持续单击"下一步"按钮，直到显示图 3 – 6 所示的"确认安装所选内容"窗口。

STEP 5 单击"安装"按钮即可开始安装。安装完成后显示图 3 – 7 所示的"安装进度"窗口，提示"Active Directory 域服务"已经成功安装。单击"将此服务器提升为域控制器"链接。

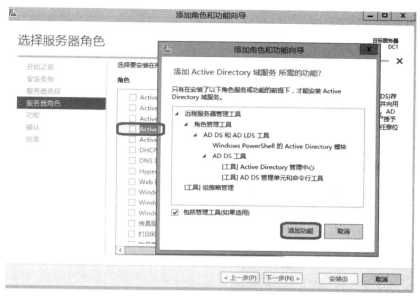

图 3－5　"选择服务器角色"窗口

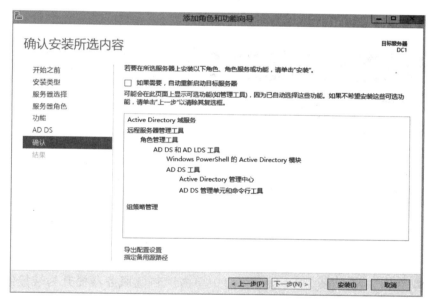

图 3－6　"确认安装所选内容"窗口

提　示

如果在图 3－7 所示窗口中直接单击"关闭"按钮，则之后要将其提升为域控制器，请如图 3－8 所示单击服务器管理器右上方的旗帜符号，再单击"将此服务器提升为域控制器"链接。

图 3 – 7　Active Directory 域服务安装成功

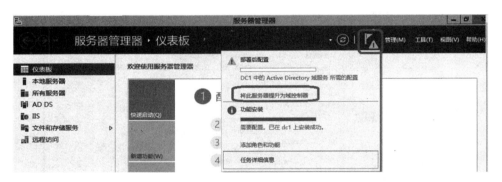

图 3 – 8　"将此服务器提升为域控制器"链接

2. 安装活动目录

STEP 1　在图 3 – 7 或图 3 – 8 所示窗口中单击"将此服务器提升为域控制器"链接，显示图 3 –9 所示的"部署配置"窗口，选择"添加新林"选项，设置林根域名（本例为 long. com），创建一台全新的域控制器。如果网络中已经存在其他域控制器或域目录林，则可以选择"将新域添加到现有林"选项，在现有域目录林中安装。

3 个选项的具体含义如下：

（1）"将域控制器添加到现有域"：可以向现有域添加第 2 台或更多域控制器。

（2）"将新域添加到现有林"：在现有域目录林中创建现有域的子域。

（3）"添加新林"：新建全新的域。

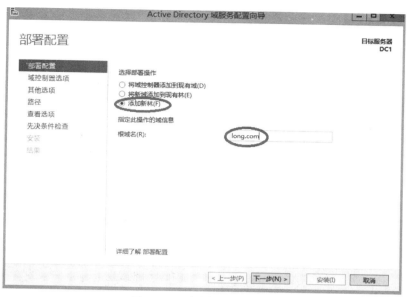

图 3 – 9 "部署配置"窗口

提　　示

网络既可以配置一台域控制器，也可以配置多台域控制器，以分担用户的登录和访问工作量。多个域控制器可以一起工作，并会自动备份用户账户和活动目录数据，即使部分域控制器瘫痪后，网络访问仍然不受影响，从而提高网络的安全性和稳定性。

STEP 2 单击"下一步"按钮，显示图 3 – 10 所示的"域控制器选项"窗口。

（1）设置林功能和域功能级别。不同的林功能级别可以向下兼容不同平台的 Active Directory 域服务功能。选择"Windows 2008"选项可以提供 Windows 2008 平台以上的所有 Active Directory 域服务功能；选择"Windows Server 2012 R2"选项可提供 Windows Server 2012 R2 平台以上的所有 Active Directory 域服务功能。用户可以根据实际的网络环境选择合适的功能级别。设置不同的域功能级别主要是为了兼容不同平台下的网络用户和子域控制器，在此只能设置"Windows Server 2012 R2"版本的域控制器。

（2）设置目录还原模式密码。由于有时需要备份和还原活动目录，且还原时（启动系统时按 F8 键）必须进入"目录服务还原模式"，所以此处要求输入"目录服务还原模式"下的密码。由于该密码和管理员密码可能不同，所以一定要牢记该密码。

（3）指定域控制器功能。默认在此服务器上直接安装 DNS 服务器。如果这样做，该向导将自动创建 DNS 区域委派。无论 DNS 服务器是否与 AD DS 集成，都必须将其安装在部署的 AD DS 目录林根级域的第 1 个域控制器上。

（4）第 1 台域控制器需要扮演全局编录服务器的角色。

（5）第 1 台域控制器不可以是只读域控制器（RODC）。

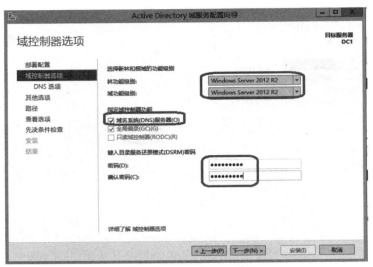

图 3 – 10   设置林功能和域功能级别

提   示

安装后若要设置林功能级别,则登录域控制器,打开"Active Directory 域和信任关系"窗口,用鼠标右键单击"Active Directory 域和信任关系"链接,在弹出的快捷菜单中选择"提升林功能级别"命令,选择相应的林功能级别即可。

STEP 3 单击"下一步"按钮,显示图 3 – 11 所示的"DNS 选项"窗口,目前不会有影响,因此不必理会它,直接单击"下一步"按钮。

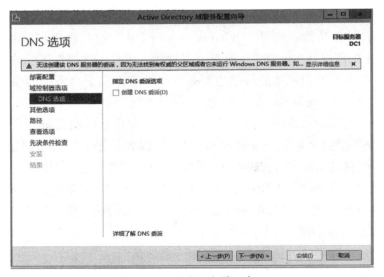

图 3 – 11   "DNS 选项"窗口

STEP 4 在图 3 - 12 所示"其他选项"窗口中会自动为此域设置一个 NetBIOS 名称,也可以更改些名称。如果此名称已被占用,安装程序会自动指定一个建议名称。完成后单击"下一步"按钮。

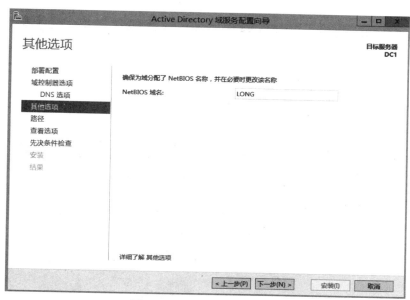

图 3 - 12 "其他选项"窗口

STEP 5 显示图 3 - 13 所示的"路径"窗口,可以单击"浏览"按钮各文件夹更改为其他路径。其中,数据库文件夹用来存储互动目录数据库,日志文件夹用来存储活动目录的变化日志,以便于日常管理和维护。需要注意的是,SYSVOL 文件夹必须保存在 NTFS 格式的分区中。

图 3 - 13 "路径"窗口

Windows Server 2012配置与管理项目教程

STEP 6 出现"查看选项"对话框，单击"下一步"按钮。

STEP 7 在图3－14所示的"先决条件检查"窗口中，如果顺利通过检查，就直接单击"安装"按钮，否则要按提示先排除问题。安装完成后会自动重新启动。

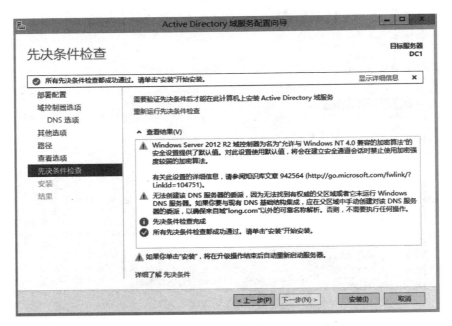

图3－14 "先决条件检查"窗口

STEP 8 重新启动计算机，升级为 Active Directory 域控制器之后，必须使用域用户账户登录，格式为"域名\用户账户"，如图3－15所示。单击左侧箭头可以更换登录用户，比如选择其他用户，如图3－16所示。

图3－15 用户 SamAccountName
登录对话框

图3－16 用户 UPN 登录对话框

（1）用户 SamAccountName 登录：用户可以利用名称"contoso\wang"登录。其中"wang"是 NetBIOS 名。同一个域中此名称必须是唯一的。Windows NT Windows 98 等旧版系统不支持 UPN，因此在这些计算机上登录时只能使用此登录名。图3－15所示即此种登录。

（2）用户 UPN 登录：用户可以利用与电子邮箱格式相同的名称（administrator@long.com）登录域，此名称被称为 User Principal Name（UPN）。此名称在域目录林中是唯一的。图3－16所示即此种登录。

3. 验证 Active Directory 域服务的安装

活动目录安装完成后，在 dc1 上可以从各方面进行验证。

1）查看计算机名

选择"开始"→"控制面板"→"系统和安全"→"系统"→"高级系统设置"→"计算机"选项卡，可以看到计算机已经由工作组成员变成了域成员，而且是域控制器。

2）查看管理工具

活动目录安装完成后，会添加一系列活动目录管理工具，包括"Active Directory 用户和计算机""Active Directory 站点和服务""Active Directory 域和信任关系"等。选择"开始"→"管理工具"选项，可以找到这些活动目录管理工具的快捷方式。

3）查看活动目录对象

打开"Active Directory 用户和计算机"管理工具，可以看到企业的域名"long. com"。单击该域，窗口右侧的详细信息窗格中会显示域中的各个容器。其中包括一些内置容器，主要有以下几种：

（1）built - in：存放活动目录域中的内置组账户；

（2）computers：存放活动目录域中的计算机账户；

（3）users：存放活动目录域中的一部分用户和组账户；

（4）Domain Controllers：存放域控制器的计算机账户。

4）查看 Active Directory 数据库

Active Directory 数据库文件保存在"% SystemRoot% \ntds"（本例为"C：\windows \ntds"）文件夹中，主要的文件如下：

（1）Ntds. dit：数据库文件；

（2）Edb. chk：检查点文件；

（3）Temp. edb：临时文件。

5）查看 DNS 记录

为了让活动目录正常工作，需要 DNS 服务器的支持。活动目录安装完成后，重新启动 dc1 时会向指定的 DNS 服务器上注册 SRV 记录。

选择"开始"→"管理工具"→"DNS"选项，或者在服务器管理器窗口中单击右上方的"工具"菜单，选择"DNS"选项，打开"DNS 管理器"。一个注册了 SRV 记录的 DNS 服务器如图 3 - 17 所示。

如果因为域成员本身的设置有误或者网络问题而无法将数据注册到 DNS 服务器，则可以在问题解决后，重新启动这些计算机或利用以下方法手动注册：

（1）如果某域成员计算机的主机名与 IP 地址没有正确注册到 DNS 服务器，可到此计算机上运行"ipconfig/registerdns"手动注册，完成后到 DNS 服务器检查是否已有正确记录，例如域成员主机名为 dc1. long. com，IP 地址为 192.168.10.1，则检查区域 long. com 内是否有 dc1 的主机记录、其 IP 地址是否为 192.168.10.1。

（2）如果发现域控制器并没有将其扮演的角色注册到 DNS 服务器，也就是并没有类似

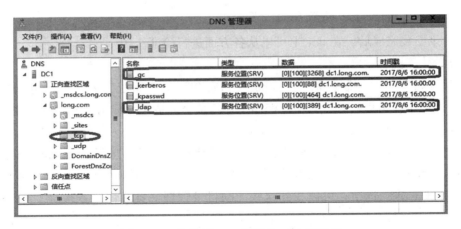

图 3 – 17　注册了 SRV 记录的 DNS 服务器

图 3 – 17 所示的 "_tcp" 等文件夹与相关记录，则在此台域控制器上选择 "开始" → "系统管理工具" → "服务" 选项，打开图 3 – 18 所示的 "服务" 窗口，选择 Netlogon 服务并单击鼠标右键选择 "重新启动" 命令来注册。具体操作也可以使用以下命令：

```
netstop netlogon
net start netlogon
```

图 3 – 18　重新启动 Netlogon 服务

试一试

SRV 记录手动添加无效。将注册成功的 DNS 服务器中 long.com 域下面的 SRV 记录删除一些，试着在域控制器上使用上面的命令恢复 DNS 服务器被删除的内容（使用命令单击鼠标右键，选择 "刷新" 命令即可）。

任务3-2 将 ms1 加入 long.com 域

下面将 ms1 独立服务器加入 long.com 域，将 ms1 提升为 long.com 域的成员服务器。其步骤如下：

STEP 1 首先在 ms1 服务器上确认"本地连接"属性中的 TCP/IP 首选 DNS 指向 long.com 域的 DNS 服务器，即 192.168.10.1。

STEP 2 选择"开始"→"控制面板"→"系统和安全"→"系统"→"高级系统设置"选项，弹出"系统属性"对话框，选择"计算机名"选项卡，单击"更改"按钮，弹出"计算机名/域更改"对话框，在"隶属于"选项区域中，选择"域"选项，并输入要加入的域的名字"long.com"，单击"确认"按钮。

STEP 3 输入有权限加入该域账户的名称和密码，确定后重新启动计算机即可，比如输入该域控制器的管理员账户的名称和密码，如图 3-19 所示。

将 ms1 加入到
long.com 域

图 3-19 将 ms1 加入 long.com 域

STEP 4 将 ms1 加入 long.com 域后，其完整计算机名的后缀就会附上域名，即图 3-20 所示的 ms1.long.com。单击"关闭"按钮。按照界面提示重新启动计算机。

图 3-20 加入 long.com 域后的系统属性

任务 3-3　利用已加入域的计算机登录

在已经加入域的计算机上，可以利用本地用户账户或域用户账户登录。

1. 利用本地用户账户登录

在登录界面中按"Ctrl + Alt + Del"组合键后，将出现图 3-21 所示的界面，图中默认利用本地系统管理员 Administrator 的身份登录，因此只要输入 Administrator 的密码就可以登录。

图 3-21　本地用户账户登录

此时，系统会利用本地安全性数据库检查账户名与密码是否正确，如果正确，就可以成功登录，也可以访问计算机内的资源（若有权限），不过无法访问域内其他计算机的资源，除非在连接其他计算机时再输入有权限账户的名称与密码。

2. 利用域用户账户登录

如果要利用域系统管理员 Administrator 的身份登录，则单击图 3-21 中的人像左方的箭头图标，然后单击"其他用户"链接，打开图 3-22 所示的"其他用户"登录对话框，输入域系统管理员的账户名（long\administrator）与密码，单击登录按钮进行登录。

图 3-22　域用户账户登录

注意

　　账户名前面要附加域名，例如"long. com\Administrator"或"long\Administrator"，此时账户名与密码会被发送给域控制器，并利用 Active Directory 数据库来检查账户名与密码是否正确，如果正确，就可以登录成功，并且可以直接连接域内任何一台计算机并访问其中的资源（如果被赋予权限），不需要手动输入账户名与密码。当然，也可以用 UPN 登录，形如"administrator@ long. com"。

　　在图 3 - 21 中，如何利用本地用户账户登录？输入账户名"ms1\administrator"及相应密码可以吗？

任务 3 - 4　安装额外的域控制器与只读域控制器（RODC）

　　一个域内若有多台域控制器，便可以拥有以下优势：

　　（1）改善用户登录的效率：若同时有多台域控制器对客户端提供服务，可以分担用户身份验证（账户名与密码）的负担，提高用户登录的效率。

　　（2）容错功能：若有域控制器故障，此时仍然可以由其他正常的域控制器继续提供服务，因此对用户的服务并不会停止。

　　在安装额外域控制器（additional domain controller）时，需要将 AD DS 数据库由现有的域控制器复制到这台新的域控制器，然而若数据库非常庞大，这个复制操作势必会增加网络负担，尤其是这台新的域控制器位于远程网络内时。系统提供了两种复制 AD DS 数据库的方式。

　　（3）通过网络直接复制：若 AD DS 数据库庞大，此方法会增加网络负担，影响网络效率。

　　（4）通过安装介质：需要事先到一台域控制器内制作安装介质（installation media），其中包含 AD DS 数据库，接着将安装介质复制到 U 盘、CD、DVD 等媒体或共享文件夹内。在安装额外域控制器时，要求安装向导到这个媒体内读取安装介质内的 AD DS 数据库，这种方式可以大幅降低网络负担。若在安装介质制作完成之后，现有域控制器的 AD DS 数据库内有新变动数据，这些少量数据会在完成额外域控制器的安装后通过网络自动复制过来。

　　下面同时说明如何将图 3 - 23 中右上角的服务器 dc2. long. com 升级为常规额外的域控制器（可写域控制器），将右下角的服务器 dc3. long. com 升级为只读域控制器（RODC）。

　　1. 利用网络直接复制安装额外的域控制器

　　STEP 1　先在图 3 - 23 中的服务器 dc2. long. com 与 dc3. long. com 上安装 Windows Server 2012 R2，将计算机名称分别设定为"dc2"与"dc3"，IPv4 地址等按图 3 - 23 所示设置（图中采用 TCP/IPv4）。注意将计算机名称分别设置为"dc2"与"dc3"即可，等升级为域控制器后，它们会自动被改为"dc2. long. com"与"dc3. long. com"。

　　STEP 2　安装 Active Directory 域服务。操作方法与安装第 1 台域控制器的方法完全相同。

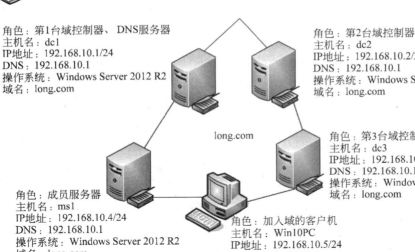

角色：第1台域控制器、DNS服务器
主机名：dc1
IP地址：192.168.10.1/24
DNS：192.168.10.1
操作系统：Windows Server 2012 R2
域名：long.com

角色：第2台域控制器
主机名：dc2
IP地址：192.168.10.2/24
DNS：192.168.10.1
操作系统：Windows Server 2012 R2
域名：long.com

long.com

角色：第3台域控制器只读域控制器(RODC)
主机名：dc3
IP地址：192.168.10.3/24
DNS：192.168.10.1
操作系统：Windows Server 2012 R2
域名：long.com

角色：成员服务器
主机名：ms1
IP地址：192.168.10.4/24
DNS：192.168.10.1
操作系统：Windows Server 2012 R2
域名：long.com

角色：加入域的客户机
主机名：Win10PC
IP地址：192.168.10.5/24
DNS：192.168.10.1
操作系统：Windows 10
域名：long.com

利用网络直接
复制安装
额外域控制器

图 3 – 23　long. com 域的网络拓扑

STEP 3 启动 Active Directory 安装向导，当显示"部署配置"窗口时，选择"将域控制器添加到现有域"选项，单击"更改"按钮，弹出"Windows 安全"对话框，需要指定可以通过相应主域控制器验证的用户账户凭据，该用户账户必须隶属于 Domain Admins 组，拥有域管理员权限，比如根域控制器的管理员账户"long\administrator"，如图 3 – 24 所示。

图 3 – 24　"部署配置"窗口

> **注意**
>
> 　　只有 Enterprise Admins 组或 Domain Admins 组内的用户有权利建立其他域控制器。若现在所登录的账户不隶属于这两个组（例如现在所登录的账户为本机 Administrator），则需如图 3 – 24 所示另外指定有权利的用户账户。

STEP 4 单击"下一步"按钮，显示图 3 – 25 所示的"域控制器选项"窗口。

（1）选择是否在此服务器上安装 DNS 服务器（默认是）。

（2）选择是否将其设定为全局编录服务器（默认是）。

（3）选择是否将其设置为只读域控制器（默认否）。

（4）设置目录服务还原模式的密码。

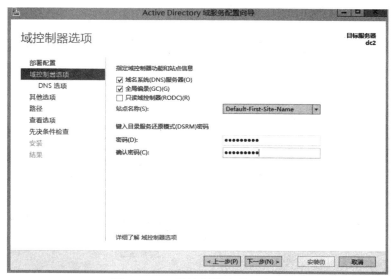

图 3 – 25 "域控制器选项"窗口

STEP 5 若在图 3 – 25 所示窗口中未选择"只读域控制器（RODC）"选项，则直接跳到下一个步骤。若安装只读域控制器，则会出现图 3 – 26 所示的窗口，在完成设定后单击"下一步"按钮，然后跳到 **STEP 7** 。

图 3 – 26 "RODC 选项"窗口

（1）委派的管理员账户：可通过单击"选择"按钮选取被委派的用户或组，它们在这台只读域控制器上将拥有本地系统管理员的权限，且若采用阶段式安装只读域控制器，则它们也可将此只读域控制器附加到 AD DS 数据库内的计算机账户。默认仅 Domain Admins 组或 Enterprise Admins 组内的用户有权管理此只读域控制器与执行附加操作。

（2）允许将密码复制到 RODC 的账户：默认仅允许 Allowed RODC Password Replication Group 组内的用户密码可被复写到只读域控制器（此组默认并无任何成员），可通过单击"添加"按钮添加用户或组账户。

（3）拒绝将密码复制到只读域控制器的账户：此处的用户账户，其密码会被拒绝复制到只读域控制器。此处的设置较"允许将密码复制到 RODC 的账户"的设置优先级高。部分内建的组账户（例如 Administrators、Server Operators 等）默认已被列于此列表内。可通过单击"添加"按钮添加用户或组账户。

注意

> 在安装域中的第 1 台只读域控制器时，系统会自动建立与只读域控制器有关的组账户，这些组账户会自动被复制给其他域控制器，不过需要花费一段时间，尤其是复制给位于不同站点的域控制器时。之后在其他站点安装只读域控制器时，若安装向导无法从这些域控制器得到这些域信息，它会显示警告信息，此时等待这些组信息完成复制后，再继续安装这台只读域控制器。

STEP 6 若不是安装只读域控制器，会出现如图 3 – 27 所示的窗口，直接单击"下一步"按钮。

图 3 – 27 "DNS 选项"窗口

STEP 7 在图 3 – 28 所示窗口中单击"下一步"按钮，会直接从其他任何一台域控制器复制 AD DS 数据库。

图 3 – 28 "其他选项"窗口

STEP 8　在图3-29所示窗口中可直接单击"下一步"按钮。

（1）数据库文件夹：用来存储 AD DS 数据库。

（2）日志文件文件夹：用来存储 AD DS 数据库的变更日志，此日志文件可被用来修复 AD DS 数据库。

（3）SYSVOL 文件夹：用来存储域共享文件（例如组策略相关的文件）。

出现"查看选项"窗口，单击"下一步"按钮。

图3-29　"路径"窗口

STEP 9　在"查看选项"窗口中单击"下一步"按钮。

STEP 10　在图3-30所示窗口中，若顺利通过检查，直接单击"安装"按钮，否则根据界面提示先排除问题。

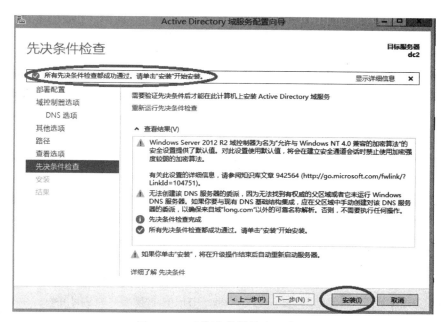

图3-30　"先决条件检查"窗口

STEP 11　安装完成后会自动重新启动计算机，重新登录即可。

STEP 12　分别打开 dc1、dc2、dc3 的 DNS 管理器，检查 DNS 服务器内是否有域控制器

dc2. long. com 与 dc3. long. com 的相关记录，如图 3 – 31 所示（dc2、dc3 上的 DNS 服务器类似）。

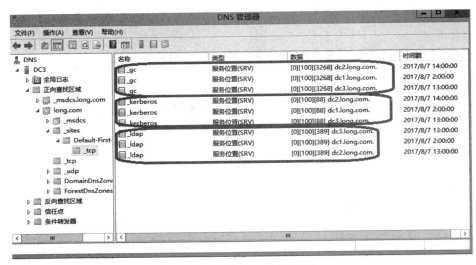

图 3 – 31　检查 DNS 服务器

这两台域控制器的 AD DS 数据库内容是从其他域控制器复制过来的，而原本这两台域控制器内的本地用户账户会被删除。

在服务器 dc1（第一台域控制器）还没有升级成为域控制器之前，原本位于本地安全性数据库内的本地用户账户会在升级后被转移到 Active Directory 数据库内，而且被放置到 Users 容器内。这台域控制器的计算机账户会被放置到 Domain Controllers 组织单位内，其他加入域的计算机账户默认被放置到 Computers 容器内。

只有在创建域内的第 1 台域控制器时，该服务器原来的本地用户账户才会被转移到 Active Directory 数据库内，其他域控制器（例如本例中的 dc2、dc3）原来的本地用户账户并不会被转移到 Active Directory 数据库内，而是被删除。

2. 验证额外的域控制器运行正常

dc1 是第 1 台域控制器，dc2 服务器已经升级为额外的域控制器，现在可以将成员服务器 ms1 的首选 DNS 指向 dc1 域控制器，备用 DNS 指向 dc2 额外的域控制器，当 dc1 域控制器发生故障时，dc2 额外的域控制器可以负责域名解析和身份验证等工作，从而实现不间断服务。

STEP 1　在 ms1 上配置"首选"为"192. 168. 10. 1"，"备用 DNS"为"192. 168. 10. 2"。

STEP 2　利用 dc1 域控制器的"Active Directory 用户和计算机"建立供测试用的域用户 domainuser1。刷新 dc2、dc3 的"Active Directory 用户和计算机"中的 users 容器，发现 domainuser1 几乎同时同步到了这两台域控制器上。

STEP 3　将 dc1 域控制器暂时关闭，在 VMWare Workstation 中也可以将 dc1 域控制器暂时挂起。

STEP 4　在 ms1 上使用域用户 domainuser1 登录域，观察是否能够登录，结果是可以登

"DC",如图 3-34 所示。

图 3-34　查看"DC 类型"

任务 3-5　转换服务器角色

Windows Server 2012 R2 服务器在域中可以有 3 种角色：域控制器、成员服务器和独立服务器。当一台 Windows Server 2012 R2 成员服务器安装了活动目录后，服务器就成为域控制器，域控制器可以对用户的登录等进行验证；然而 Windows Server 2012 R2 成员服务器可以仅加入域中，而不安装活动目录，这时服务器的主要目的是提供网络资源，这样的服务器称为成员服务器。严格说来，独立服务器和域没有什么关系，如果服务器不加入域中，也不安装活动目录，服务器就称为独立服务器。服务器角色的变化如图 3-35 所示。

降级域控制器

图 3-35　服务器角色的变化

1. 域控制器降级为成员服务器

在域控制器上把活动目录删除，服务器就降级为成员服务器。下面以图 3-3 中的 dc2 降级为例，介绍具体步骤。

1）删除活动目录注意要点

删除活动目录也就是将域控制器降级为独立服务器。删除活动目录时要注意以下 3 点：

（1）如果该域内还有其他域控制器，则该域控制器会被降级为该域的成员服务器。

（2）如果这个域控制器是该域的最后一个域控制器，则被降级后，该域内将不存在任何域控制器。因此，该域控制器被删除，而该计算机被降级为独立服务器。

（3）如果这台域控制器扮演"全局编录"的角色，则将其降级后，它将不再扮演"全局编录"的角色，因此要先确定网络上是否还有其他"全局编录"域控制器。如果没有，则要先指派一台域控制器来扮演"全局编录"的角色，否则将影响用户的登录操作。

2）删除活动目录

STEP 1 以管理员身份登录 dc2，单击左下角的服务器管理器图标，在图 3 – 36 所示的窗口中选择右上方"管理"菜单下的"删除角色和功能"命令。

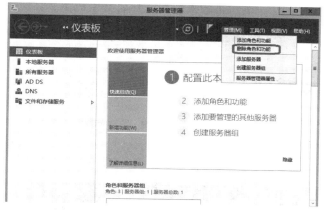

图 3 – 36 选择"删除角色和功能"命令

STEP 2 在图 3 – 37 所示的窗口中取消勾选"Active Directory 域服务"复选框，单击"删除功能"按钮。

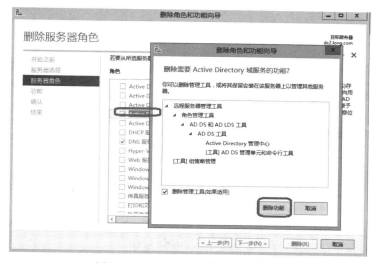

图 3 – 37 "删除服务器角色"窗口

STEP 3 出现图3-38所示的对话框时，单击"确定"按钮即将此域控制器降级。

图3-38　验证结果

STEP 4 如果在图3-39所示窗口中当前的用户有权删除此域控制器，则单击"下一步"按钮，否则单击"更改"按钮来输入新的账户名与密码。

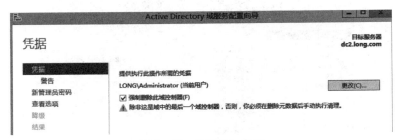

图3-39　"凭据"窗口

> **提　示**
>
> 如果因故无法删除此域控制器（例如，在删除域控制器时，需要先连接到其他域控制器，但是却一直无法连接），或者此域控制器是最后一个域控制器，此时勾选图3-39所示窗口中的"强制删除此域控制器"复选框。

STEP 5 在图3-40所示窗口中勾选"继续删除"复选框后，单击"下一步"按钮。

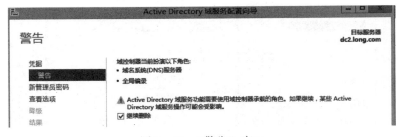

图3-40　"警告"窗口

STEP 6 如图3-41所示，为这台即将被降级为独立服务器或成员服务器的计算机设置本地Administrator的新密码后，单击"下一步"按钮。

STEP 7 在"查看选项"窗口中单击"降级"按钮。

STEP 8 完成操作后会自动重新启动计算机，重新登录即可（以域管理员身份登录，在图 3－41 所示窗口中设置的是降级后的计算机的本地管理员密码）。

图 3－41 "新管理员密码"窗口

注意

虽然这台服务器已经不再是域控制器了，不过此时其 Active Directory 域服务组件仍然存在，并没有被删除。因此，也可以直接将其升级为域控制器。

STEP 9 在服务器管理器中选择"管理"菜单下的"删除角色和功能"命令。

STEP 10 出现"开始之前"窗口，单击"下一步"按钮。

STEP 11 确认"服务器选择"窗口中的服务器无误后单击"下一步"按钮。

STEP 12 在图 3－42 所示窗口中取消勾选"Active Directory 域服务"复选框，单击"删除功能"按钮。

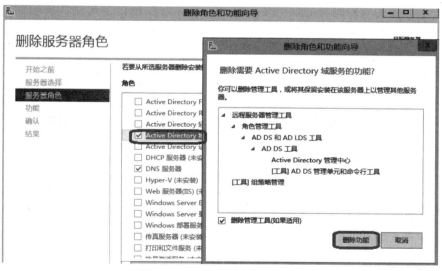

图 3－42 "服务器角色"窗口

STEP 13 回到"服务器角色"窗口，确认"Active Directory 域服务"复选框已经被取消勾选（也可以一起取消勾选"DNS 服务器"复选框）后单击"下一步"按钮。

STEP 14 出现"功能"窗口时，单击"下一步"按钮。

STEP 15 在"确认"窗口中单击"删除"按钮。

STEP 16 完成操作后,重新启动计算机。

2. 成员服务器降级为独立服务器

dc2 删除 Active Directory 域服务后,降级为域 long. com 的成员服务器。现在将该成员服务器继续降级为独立服务器。

首先在 dc2 上以域管理员(long\administrator)或本地管理员(dc2\administrator)身份登录。登录成功后,选择"开始"→"控制面板"→"系统和安全"→"系统"→"高级系统设置"选项,弹出"系统属性"对话框,选择"计算机名"选项卡,单击"更改"按钮;弹出"计算机名/域更改"窗口,在"隶属于"选项区域中选择"工作组"选项,并输入从域中脱离后要加入的工作组的名字(本例为"WORKGROUP"),单击"确定"按钮;输入有权限脱离该域的账户的名称和密码,确定后重新启动计算机即可。

3.4 习题

一、填空题

1. 通过 Windows Server 2012 R2 系统组建客户机/服务器模式的网络时,应该将网络配置为_____。

2. 在 Windows Server 2012 R2 系统中活动目录存放在_____中。

3. 在 Windows Server 2012 R2 系统中安装_____后,计算机即成为一台域控制器。

4. 同一个域中的域控制器的地位是_____。在域目录树中,子域和父域的信任关系是_____。独立服务器上安装了_____就升级为域控制器。

5. Windows Server 2012 R2 服务器的 3 种角色是_____、_____、_____。

6. 活动目录的逻辑结构包括_____、_____、_____和_____。

7. 物理结构的 3 个重要概念是_____、_____和_____。

8. 无论 DNS 服务器服务是否与 AD DS 集成,都必须将其安装在部署的 AD DS 目录林根级域的第_____个域控制器上。

9. Active Directory 数据库文件保存在_____。

10. 解决在 DNS 服务器中未能正常注册 SRV 记录的问题,需要重新启动_____服务。

二、判断题

1. 在一台安装 Windows Server 2012 R2 的计算机上安装活动目录后,计算机就成了域控制器。 (　　)

2. 客户机在加入域时,需要正确设置首选 DNS 服务器地址,否则无法加入。 (　　)

3. 在一个域中,至少有一个域控制器(服务器),也可以有多个域控制器。 (　　)

4. 管理员只能在服务器上对整个网络实施管理。 (　　)

5. 域中所有账户信息都存储于域控制器中。 (　　)

6. OU 是可以应用组策略和委派责任的最小单位。 (　　)

7. 一个 OU 只指定一个受委派管理员，不能为一个 OU 指定多个受委派管理员。（ ）

8. 同一域目录林中的所有域都显式或者隐式地相互信任。（ ）

9. 一个域目录树不能称为域目录林。（ ）

三、简答题

1. 什么时候需要安装多个域目录树？

2. 简述什么是活动目录、域、域目录树和域目录林。

3. 简述什么是信任关系。

4. 为什么在域中常常需要 DNS 服务器？

5. 活动目录中存放了什么信息？

3.5 项目实训 部署与管理 Active Directory 域服务环境

1. 实训目的

（1）掌握规划和安装局域网中的活动目录的方法与技巧。

（2）掌握创建目录林根级域的方法与技巧。

（3）掌握安装额外的域控制器的方法和技巧。

（4）掌握创建子域的方法和技巧。

（5）掌握创建双向可传递的林信任的方法和技巧。

（6）掌握备份与恢复活动目录的方法与技巧。

（7）掌握将服务器的 3 种角色相互转换的方法和技巧。

2. 项目环境

随着公司的发展壮大，已有的工作组式的网络已经不能满足公司的业务需要。经过多方论证，确定了公司的服务器的拓扑结构，如图 3–43 所示。

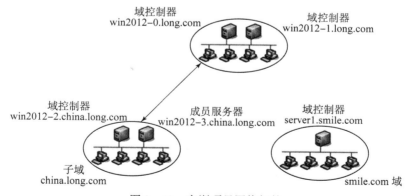

图 3–43 实训项目网络拓扑

3. 项目要求

根据图 3–43，构建满足公司需要的域环境。具体要求如下：

（1）创建域 long. com，域控制器的计算机名为 "win2012 – 1"。

（2）检查安装后的域控制器。

（3）安装域 long. com 的额外的域控制器，域控制器的计算机名为"win2012 – 2"。

（4）创建子域 china. long. com，其域控制器的计算机名为"win2012 – 3"，成员服务器的计算机名为"win2012 – 4"。

（5）创建域 smile. com，域控制器的计算机名为"server1"。

（6）创建 long. com 和 smile. com 双向可传递的林信任关系。

（7）备份 smile. com 域中的活动目录，并利用备份进行恢复。

（8）建立组织单位 sales，在其下建立用户 testdomain，并委派对 OU 的管理。

4. 做一做

根据实训项目录像进行项目的实训，检查学习效果。

项目 4

管理用户和组

当安装完操作系统并完成操作系统的环境配置后，管理员应规划一个安全的网络环境，为用户提供有效的资源访问服务。Windows Server 2012 R2 通过建立账户（包括用户账户和组账户）并赋予账户合适的权限，保证使用网络和计算机资源的合法性，以确保数据访问、存储和交换满足安全需要。

对于单纯工作组模式的网络，需要使用"计算机管理"工具管理本地用户和组；对于域模式的网络，需要通过"Active Directory 管理中心"和"Active Directory 用户和计算机"工具管理整个域环境中的用户和组。

（1）理解用户账户的管理；
（2）掌握本地账户和组的管理；
（3）掌握一次同时添加多个用户账户的方法；
（4）掌握域组账户的管理；
（5）掌握组的使用原则。

4.1 相关知识

域系统管理员需要为每一个域用户分别建立一个域用户账户，让他们可以利用这个账户来登录域、访问网络上的资源。域系统管理员同时也需要了解如何有效利用组，以便高效地管理资源的访问。

域系统管理员可以利用"Active Directory 管理中心"或"Active Directory 用户和计算机"建立与管理域用户账户。当用户利用域用户账户登录域后，便可以直接连接域内的所有成员计算机，访问有权访问的资源。换句话说，域用户在一台域成员计算机上成功登录后，当其连接域内的其他成员计算机时，并不需要再登录到被访问的计算机，这个功能被称为单点登录。

> **提　　示**
>
> 　　本地用户账户并不具备单点登录的功能，也就是说，利用本地用户账户登录后，当要连接其他计算机时，需要再次登录到被访问的计算机。

在服务器还没有升级成为域控制器之前，原本位于其本地安全数据库内的本地账户，会在升级为域控制器后被转移到 AD DS 数据库内，并且被放置到 Users 容器内，可以通过"Active Directory 管理中心"查看，如图 4-1 中所示（可先单击上方的树视图图标），同时这台服务器中的计算机账户会被放置到组织单位 Domain Controllers 内。其他加入域的计算机账户默认被放置到容器 Computers 内。

图 4-1　"Active Directory 管理中心"的树视图

服务器升级为域控制器后，也可以通过"Active Directory 用户和计算机"查看原本地账户的变化情况，如图 4-2 所示。

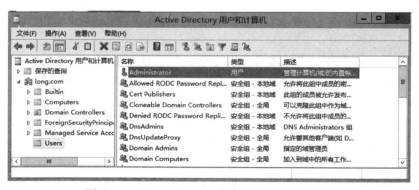

图 4-2　"Active Directory 用户和计算机"窗口

只有在建立域内的第 1 台域控制器时，该服务器原来的本地账户才会被转移到 AD DS 数据库内，其他域控制器原来的本地账户并不会被转移到 AD DS 数据库内，而是被删除。

4.1.1 规划新的用户账户

用户账户是计算机的基本安全组件，计算机通过用户账户辨别用户身份，让有使用权限的用户登录计算机，访问本地计算机资源或从网络访问这台计算机的共享资源。为不同的用户指派不同的权限，可以让用户执行不同的计算机管理任务，所以每台运行 Windows Server 2012 R2 的计算机都需要用户账户才能登录。在登录过程中，当计算机验证用户输入的账户名和密码与本地安全数据库中的用户信息一致时，才能让用户登录本地计算机或从网络上获取对资源的访问权限。用户登录时本地计算机，本地计算机验证用户账户的有效性，如用户提供了正确的账户名和密码，则本地计算机分配给用户一个访问令牌（Access Token），该令牌定义了用户在本地计算机上的访问权限，资源所在的计算机负责对该令牌进行鉴别，以保证用户只能在管理员定义的权限范围内使用本地计算机上的资源。对访问令牌的分配和鉴别是由本地计算机的本地安全权限（LSA）负责的。

Windows Server 2012 R2 支持两种账户：域账户和本地账户。域账户可以登录到域上，并获得访问该网络的权限；本地账户则只能登录到一台特定的计算机上，并访问其资源。

遵循以下规则和约定可以简化账户创建后的管理工作。

1. 命名约定

（1）账户名必须唯一：本地账户必须在本地计算机上唯一。

（2）账户名不能包含以下字符（双引号中的字符）："＊""；""？""／""＼""［""］""："" ｜ "" ＝ "" ， "" ＋ "" ＜ "" ＞ """"。

（3）账户名最长不能超过 20 个字符。

2. 密码原则

（1）一定要给 Administrator 账户指定一个密码，以防止他人随便使用该账户。

（2）确定是管理员还是用户拥有密码的控制权。用户可以给每个用户账户指定一个唯一的密码，并防止其他用户对其进行更改，也可以允许用户在第一次登录时输入自己的密码。一般情况下，用户应该控制自己的密码。

（3）密码不能太简单，应该不容易让他人猜出。

（4）密码最多可由 128 个字符组成，推荐最小长度为 8 个字符。

（5）密码应由大、小写字母，数字以及合法的非字母数字的字符混合组成，如 "P@$$word"。

4.1.2 本地用户账户

本地用户账户仅允许用户登录并访问创建该账户的计算机。当创建本地用户账户时，Windows Server 2012 R2 仅在 "% Systemroot% \ system32 \ config" 文件夹下的安全数据库（SAM）中创建该账户，如 "C：\Windows\system32\config\sam"。

Windows Server 2012 R2 默认只有 Administrator 账户和 Guest 账户。Administrator 账户可以执行计算机管理的所有操作；而 Guest 账户是为临时访问用户而设置的，默认是禁用的。

Windows Server 2012 R2 为每个本地用户账户提供了名称，如 Administrator、Guest 等，这些名称是为了方便用户记忆、输入和使用的。在本地计算机中的本地用户账户是不允许相同的。而系统内部则使用安全标识符（Security Identifier，SID）识别用户身份，每个本地用户账户都对应一个唯一的安全标识符，这个安全标识符在账户创建时由系统自动产生。系统指派权利、授权资源访问权限等都需要使用安全标识符。当删除一个本地用户账户后，重新创建名称相同的账户并不能获得先前账户的权利。用户登录后，可以在命令提示符状态下输入"whoami /logonid"命令查询当前本地用户账户的安全标识符。下面介绍系统内置账户：

（1）Administrator：使用内置 Administrator 账户可以对整台计算机或域配置进行管理，如创建修改用户账户和组、管理安全策略、创建打印机、分配允许用户访问资源的权限等。作为管理员，应该创建一个普通本地用户账户，在执行非管理任务时使用该本地用户账户，仅在执行管理任务时才使用 Administrator 账户。Administrator 账户可以更名，但不可以删除。

（2）Guest：一般的临时用户可以使用它进行登录并访问资源。为了保证系统的安全，Guest 账户默认是禁用的，但若安全性要求不高，可以使用它且常常分配给它一个口令。

4.1.3　本地组概述

对用户进行分组管理可以更加有效并且灵活地进行权限的分配设置，以方便管理员对 Windows Server 2012 R2 的具体管理。如果 Windows Server 2012 R2 计算机被安装为成员服务器（而不是域控制器），将自动创建一些本地组。如果将特定角色添加到计算机，还将创建额外的组，用户可以执行与该组角色相对应的任务。例如，如果计算机被配置成 DHCP 服务器，将创建管理和使用 DHCP 服务的本地组。

可以在"计算机管理"管理单元的"本地用户和组"下的"组"文件夹中查看默认组。常用的默认组包括以下几种：

（1）Administrators：其成员拥有没有限制的、在本地或远程操纵和管理计算机的权利。默认情况下，本地 Administrator 组和 Domain Admins 组的所有成员都是该组的成员。

（2）Backup Operators：其成员可以从本地或者远程登录、备份和还原文件夹和文件、关闭计算机。注意，该组的成员在自己本身没有访问权限的情况下也能够备份和还原文件夹和文件，这是因为 Backup Operators 组权限的优先级高于成员本身的权限。默认情况下，该组没有成员。

（3）Guests：只有 Guest 账户是该组的成员，但 Windows Server 2012 R2 中的 Guest 账户默认被禁用。该组的成员没有默认的权利或权限。如果 Guest 账户被启用，当该组成员登录到计算机时，将创建一个临时配置文件；在该账户注销时，该配置文件将被删除。

（4）Power Users：该组的成员可以创建用户账户，并操纵这些账户。他们可以创建本地组，然后在已创建的本地组中添加或删除用户。还可以在 Power Users 组、Users 组和 Guests 组中添加或删除用户。默认该组没有成员。

（5）Print Operators：该组的成员可以管理打印机和打印队列。默认该组没有成员。

（6）Remote Desktop Users：该组的成员可以远程登录服务器。

（7）Users：该组的成员可以执行一些常见任务，例如运行应用程序、使用打印机。该组的成员不能创建共享或打印机（但他们可以连接到网络打印机，并远程安装打印机）。在域中创建的任何用户账户都将成为该组的成员。

除了上述默认组以及管理员自己创建的组外，系统中还有一些特殊身份的组。这些组的成员是临时的和瞬间的，管理员无法通过配置改变这些组中的成员。有以下几种特殊组：

（1）Anonymous Logon：代表不使用账户名、密码或域名而通过网络访问计算机及其资源的用户和服务。在运行 Windows NT 及其以前版本的计算机上，Anonymous Logon 组的成员是 Everyone 组的默认成员。在运行 Windows Server 2012 R2（和 Windows 2000）的计算机上，Anonymous Logon 组的成员不是 Everyone 组的成员。

（2）Everyone：代表所有当前网络的用户，包括来自其他域的来宾和用户。所有登录到网络的用户都将自动成为 Everyone 组的成员。

（3）Network：代表当前通过网络访问给定资源的用户（不是通过从本地登录到资源所在的计算机来访问资源的用户）。通过网络访问资源的任何用户都将自动成为 Network 组的成员。

（4）Interactive：代表当前登录到特定计算机上并且访问该计算机上给定资源的所有用户（不是通过网络访问资源的用户）。访问当前登录的计算机上资源的所有用户都将自动成为 Interactive 组的成员。

4.1.4 创建组织单位与域用户账户

可以将用户账户创建到任何一个容器或组织单位内。下面先建立名称为"网络部"的组织单位，然后在其内建立域用户账户 Rose、Jhon、Mike、Bob、Alice。

创建组织单位"网络部"的方法是：选择"开始"→"管理工具"→"Active Directory 管理中心"（或"Active Directory 用户和计算机"）选项，打开"Active Directory 管理中心"窗口，用鼠标右键单击域名，选择"新建"→"组织单位"命令，打开图 4-3 所示的"创建 组织单位：网络部"对话框，输入组织单位名称"网络部"，然后单击"确定"按钮。

创建组织单位与
域用户账户

图 4-3 在"Active Directory 管理中心"创建组织单位

注意

图4-3所示窗口中默认勾选"防止意外删除"复选框,因此无法将此组织单位删除,除非取消勾选此复选框。若使用"Active Directory用户和计算机"则选择"查看"菜单→"高级功能"选项,选中此组织单位并单击鼠标右键,选择"属性"选项,如图4-4所示,取消勾选"对象"选项卡下的"防止对象被意外删除"复选框。

在组织单位"网络部"内建立用户账户Rose的方法为:选中组织单位"网络部"并单击鼠标右键,选择"新建用户"命令。注意域用户账户的密码默认需要至少7个字符,且不可包含域用户账户名称(指用户SamAccountName)或全名,至少要包含A~Z、a~z、0~9、非字母数字(例如"!""$""≠""¦""%")4组字符中的3组,例如"P@ssw0rd"是有效的密码,而"ABCDEF"是无效的密码。若要修改此默认值,请参考后面相关内容。依此类推,在该组织单位内创建Jhon、Mike、Bob、Alice等4个账户(如果Mike账户已经存在,则将其移动到"网络部"组织单位)。

图4-4 "网络部属性"对话框

4.1.5 域用户登录账户

域用户可以到域成员计算机上(域控制器除外)利用两种账户登录域,它们分别是图4-5所示的用户UPN登录与用户SamAccountName登录。一般的域用户默认无法在域控制器上登录(Alice用户是在"Active Directory管理中心"控制台打开的)。

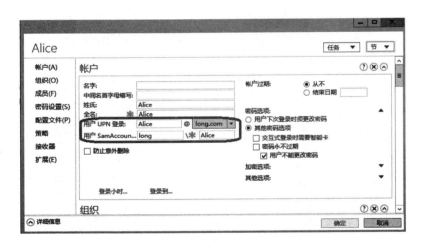

图4-5 Alice账户属性

（1）用户 UPN 登录：UPN 的格式与电子邮件账户相同，如图 4 – 5 中的"Alice@ long. com"所示，这个名称只能在隶属于域的计算机上登录域时使用，如图 4 – 6 所示。在整个域目录林内，这个名称必须是唯一的。一般在 MS1 成员服务器上登录。

图 4 – 6　用户 UPN 登录

　注意

　　一般在 MS1 成员服务器上登录域，因为默认一般域用户不能在域控制器上本地登录，除非给予其"允许本地登录"权限。

（2）UPN 并不会随着账户被移动到其他域而改变，举例来说，Alice 账户位于 long. com 域内，其默认的 UPN 为 Alice@ long. com，之后即使此账户被移动到域目录林中的另一个域内，例如 smile. com 域，其 UPN 仍然是 Alice@ long. com，并没有被改变，因此 Alice 账户仍然可以继续使用原来的 UPN 登录。

（3）用户 SamAccountName 登录：如图 4 – 5 中的"long\Alice"所示，这是旧格式的登录账户。Windows 2000 之前版本的旧客户端需要使用这种格式的名称登录域。在隶属于域的 Windows 2000（含）之后的计算机上也可以采用这种名称来登录，如图 4 – 7 所示。在同一个域内，这个名称必须是唯一的。

图 4 – 7　用户 SamAccountName 登录

提　示

　　在"Active Directory 用户和计算机"管理控制台中，上述用户 UPN 登录与用户 SamAccountName 登录分别被称为"用户登录名称"与"用户登录名称（Windows 2000 前版）"。

4.1.6 创建 UPN 的后缀

域用户账户的 UPN 后缀默认是账户所在域的域名，例如域用户账户被建立在 long. com 域内，则其 UPN 后缀为"long. com"。在下面这些情况下，域用户可能希望改用其他替代后缀：

（1）因 UPN 的格式与电子邮件账户格式相同，故域用户可能希望其 UPN 可以与电子邮件账户相同，以便让其无论登录域还是收发电子邮件，都可使用一致的名称。

（2）若域树状目录内有多层子域，则域名会太长，例如"network. jinab. long. com"，故 UPN 后缀也会太长，这将造成域用户在登录时的不便。

可以通过新建 UPN 后缀的方式让域用户拥有替代后缀，步骤如下：

STEP 1 选择"开始"→"管理工具"→"Active Directory 域和信任关系"选项，如图 4 - 8 所示，单击"Active Directory 域和信任关系"窗口上方的属性图标。

图 4 - 8 "Active Directory 域和信任关系"窗口

STEP 2 如图 4 - 9 所示，输入替代的 UPN 后缀后单击"添加"按钮后单击"确定"按钮。后缀不一定是 DNS 格式，例如可以是"smile. com"，也可以是"smile"。

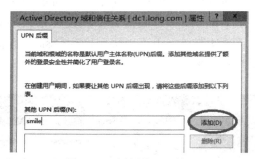

图 4 - 9 添加 UPN 后缀

完成后就可以通过"Active Directory 管理中心"（或"Active Directory 用户和计算机"）控制台来修改用户的 UPN 后缀，此例修改为"smile"，如图 4 - 10 所示。在成员服务器 ms1 上以 alice@ smile 登录域，看是否登录成功。

4.1.7 域用户账户的一般管理

一般管理工作是指重设密码、禁用（启用）账户、移动账户、删除账户、更改登录名称与解除锁定等。可以如图 4 - 11 所示，选择需要管理的用户账户（例如图中的"Alice"），然后通过右侧的选项来设置。

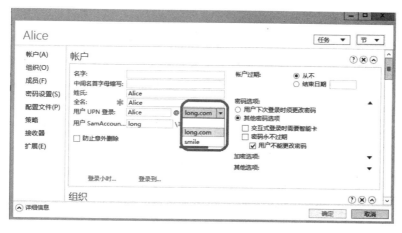

图4-10 修改用户 UPN 登录

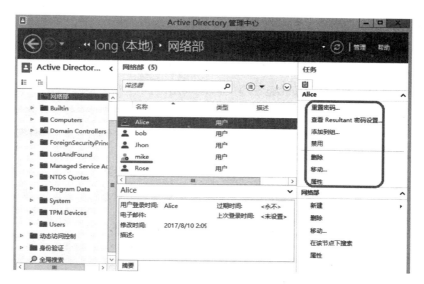

图4-11 "Active Directory 管理中心"窗口

（1）重置密码：当域用户忘记密码或密码使用期限到期时，系统管理员可以为用户设置一个新的密码。

（2）禁用账户（或启用账户）：若某位员工因故在一段时间内无法来上班，可以先将该员工的账户禁用，待该员工回来上班后，再将其重新启用。若域用户账户已被禁用，则该域用户账户图形上会有一个向下的箭头符号（例如图4-11中的域用户mike）。

（3）移动账户：可以将域用户账户移动到同一个域内的其他组织单位或容器内。

（4）重命名：重命名以后（选中域用户账户并单击鼠标右键，选择"属性"选项），该域用户原来所拥有的权限与组关系都不会受到影响。例如当某员工离职时，可以暂时将其域用户账户禁用，等到新进员工接替其工作时，再将此账户名改为新员工的名称，重新设置密码，更改账户名，修改其他相关个人信息，然后重新启用此账户。

说明

① 在每一个域用户账户创建完成之后，系统都会为其建立一个唯一的 SID，系统是利用这个 SID 代表该域用户的，同时权限设置等都是通过 SID 记录的，并不是通过域用户名称，例如某个文件的权限列表内记录着哪些 SID 具备哪些权限，而不是哪些域用户名称拥有哪些权限。

② 由于域用户账户名称或登录名称更改后，其 SID 并没有被改变，因此域用户的权限与组关系都不变。

③ 可以通过双击域用户账户或选择右方的“属性”选项来更改域用户账户名称与登录名称等相关设置。

（5）删除账户：若某账户以后再也用不到的话，就可以将此账户删除。将账户删除后，即使再新建一个相同名称的域用户账户，新账户也不会继承原账户的权限与组关系，因为系统会给予新账户一个新的 SID，而系统是利用 SID 记录域用户的权限与组关系的，不是利用账户名称，因此对系统来说这是两个不同的账户，新账户当然就不会继承原账户的权限与组关系。

（6）解除被锁定的账户：可以通过组策略管理器的账户策略设置域用户输入密码失败多少次后，就将此账户锁定，而系统管理员可以利用下面的方法解除锁定：双击该域用户账户，单击图 4-12 所示窗口中的“解锁账户”按钮（账户被锁定后才会有此按钮）。

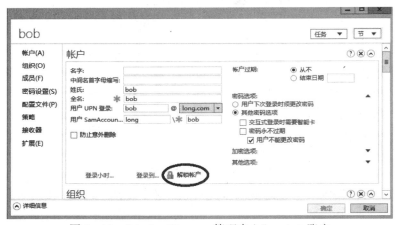

图 4-12　“Active Directory 管理中心”—bob 账户

提　示

设置域用户账户策略的参考步骤如下：在组策略管理器中用鼠标右键单击“Default Domain Policy GPO”（或其他域级别的 GPO），选择“编辑”命令，展开“计算机配置”→“策略”→“Windows 设置”→“安全设置”→“账户策略”选项。

4.1.8　设置域用户账户的属性

每一个域用户账户内都有一些相关的属性信息，例如地址、电话与电子邮件地址等，域用户可以通过这些属性查找 AD DS 数据库内的用户，例如通过电话号码查找域用户。因此，为了更容易地找到所需的域用户账户，这些属性信息应该越完整越好。下面通过 "Active Directory 管理中心" 介绍域用户账户的部分属性，请先双击要设置的用户账户 Alice。

1. 组织信息的设置

组织信息是指显示名称、职务、部门、地址、电话、电子邮件、网页等，如图 4 - 13 中的组织节点所示，这部分的内容都很简单，请自行浏览这些字段。

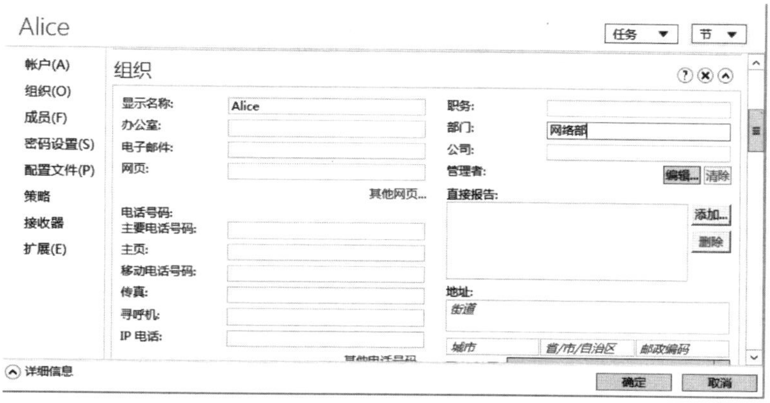

图 4 - 13 "Active Directory 管理中心" —Alice 账户—组织信息

2. 账户过期的设置

如图 4 - 14 所示，通过账户节点内的 "账户过期" 区域设置账户的有效期限，默认为永不过期，若要设置过期时间，则选择 "结束日期" 选项，然后输入格式为 "yyyy/m/d" 的过期日期即可。

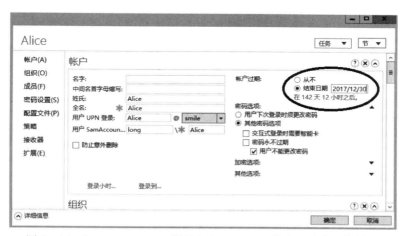

图 4 - 14 "Active Directory 管理中心" —Alice 账户—账户过期信息

3. 登录时段的设置

登录时段用来指定域用户可以登录域的时间段，默认是在任何时间段都可以登录域，若要改变设置，则单击图 4 - 15 中的 "登录小时" 按钮，然后通过 "登录小时数" 对话框来设置。图中横轴每一方块代表一个小时，纵轴每一方块代表一天，填满方块与空白方块分别代表允许与不允许登录的时间段，默认开放所有的时间段。选好时间段后选择"允许登录"或"拒绝登录"选项来允许或拒绝域用户在所选时间段登录。例如，允许 Alice 账户在工作时间（周一到周五的 8:00 到 18:00）登录域。

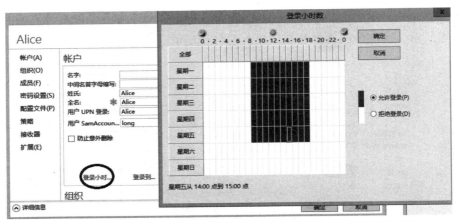

图 4-15　"Active Directory 管理中心"—允许 Alice 账户在工作时间登录

4. 限制域用户只能够通过某些计算机登录

一般域用户默认可以利用任何一台域成员计算机（域控制器除外）登录域，不过也可以通过下面的方法限制域用户只可以利用某些特定计算机登录域：单击图 4-16 所示窗口中的"登录到"按钮，选择"下列计算机"选项，输入计算机名称后单击"添加"按钮。计算机名称可为 NetBIOS 名称（例如"ms1"）或 DNS 名称（例如"ms1.long.com"）。

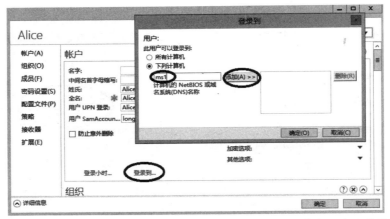

图 4-16　"Active Directory 管理中心"—允许 Alice 账户只能在 ms1 上登录域

4.1.9　在域控制器间进行数据复制

若域内有多台域控制器（比如 DC1、DC2、DC3），则当修改 AD DS 数据库内的数据时，例如利用"Active Directory 管理中心"（或"Active Directory 用户和计算机"）新建、删除、修改域用户账户或其他对象，这些变更数据会先被存储到所连接的域控制器，之后再自动被复制到其他域控制器。

如图 4 - 17 所示，选中域名"long. com"，单击鼠标右键，选择"更改域控制器"→
"当前域控制器"选项，出现当前连接的域控制器 dc1. long. com。此域控制器何时会将其最
新变更数据复制给其他域控制器呢？可分为下面两种情况：

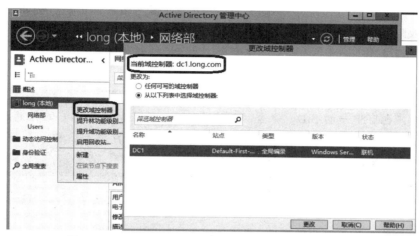

图 4 - 17 "Active Directory 管理中心"—当前域控制器

（1）自动复制：对于同一个站点内的域控制器，则默认 15 秒钟后会自动复制，因此其
他域控制器可能会等 15 秒或更久时间收到这些最新的数据。对于位于不同站点的域控制器，
则需视所设置的复制条件来决定。

（2）手动复制：有时候可能需要手动复制，例如网络故障造成复制失败时，用户不希
望等到下一次自动复制，而是希望立刻复制。下面以将数据从域控制器 DC1 复制到 DC2 为
例说明：

STEP 1 在任意一台域控制器上，选择"开始"→"管理工具"→"Active Directory
站点和服务"→"Sites"→"Default - First - Site - Name"→"Servers"，展开目标域控制
器（DC2）。

STEP 2 选择"NTDS Settings"，选择右侧的来源域控制器（DC1）并单击鼠标右键，
在弹出的快捷菜单中选择"立即复制"命令，如图 4 - 18 所示。

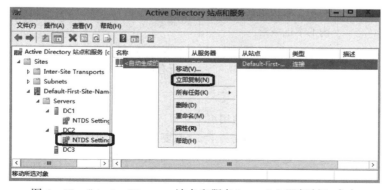

图 4 - 18 "Active Directory 站点和服务"—"立即复制"命令

与组策略有关的设置会先被存储到扮演 PDC 模拟器操作主机角色的域控制器内，然后再由 PDC 模拟器操作主机复制给其他域控制器。

4.1.10 域组账户

使用组（group）来管理域用户账户，能够减轻许多网络管理负担。例如当针对"网络部"组设置权限后，此组内的所有域用户都会自动拥有此权限，因此就不需要个别针对每一个域用户进行设置。

> **注意**
>
> 域组账户也有唯一的 SID。命令"whoami/usesr"显示当前用户的信息和 SID；命令"whoami/groups"显示当前用户的组成员信息、账户类型、SID 和属性；命令"whoami/?"显示该命令的常见用法。

1. 域组的类型

AD DS 的域组分为下面两种类型，且它们之间可以相互转换：

（1）安全组（security group）：它可以被用来分配权限与权利，例如可以指定安全组对文件具备读取的权限。它也可以被用在与安全无关的工作上，例如可以给安全组发送电子邮件。

（2）通信组（distribution group）：它被用在与安全（权限与权利设置等）无关的工作上，例如可以给通信组发送电子邮件，但是无法为通信组分配权限与权利。

2. 域组的使用范围

从使用范围来看，域组分为本地域组（domain local group）、全局组（global group）、通用组（universal group），见表 4-1。

表 4-1 域组的使用范围

分类\特性	本地域组	全局组	通用组
可包含的成员	所有域内的用户、全局组、通用组；相同域内的本地域组	相同域内的用户与全局组	所有域内的用户、全局组、通用组
可以在哪一个域内被分配权限	同一个域	所有域	所有域
域组转换	可以被转换成通用组（只要原组内的成员不包含本地域组即可）	可以被转换成通用组（只要原组不隶属于任何一个全局组即可）	可以被换成本地域组；可以被转换成全局组（只要原组内的成员不含通用组即可）

1）本地域组

它主要被用来分配其所属域内的访问权限，以便访问该域内的资源。

（1）本地域组可以包含任何一个域内的用户、全局组、通用组，也可以包含相同域内的本地域组，但无法包含其他域内的本地域组。

（2）本地域组只能够访问该域内的资源，无法访问其他不同域内的资源。换句话说，在设置权限时，只可以设置相同域内的本地域组的权限，无法设置其他不同域内的域本地组的权限。

2）全局组

它主要用来组织域用户，也就是可以将多个即将被赋予相同权限（权利）的域用户账户加入同一个全局组内。

（1）全局组只可以包含相同域内的用户与全局组。

（2）全局组可以访问任何一个域内的资源，也就是说可以在任何一个域内设置全局组的权限（这个全局组可以位于任何一个域内），以便让此全局组具备权限来访问该域内的资源。

3）通用组

（1）通用组可以在所有域内被分配访问权限，以便访问所有域内的资源。

（2）通用组具备万用领域的特性，它可以包含域目录林中任何一个域内的用户、全局组，通用组，但是它无法包含任何一个域内的本地域组。

（3）通用组可以访问任何一个域内的资源，也就是说可以在任何一个域内设置通用组的权限（这个通用组可以位于任何一个域内），以便让此通用组具备权限来访问该域内的资源。

4.1.11 建立与管理域组账户

1. 域组的新建、删除与重命名

创建域组时，选择"开始"→"管理工具"→"Active Directory 管理中心"选项，展开域名，选择容器或组织单位，在右侧任务窗格中选择"新建"→"组"选项，然后在图4-19所示窗口中输入组名，输入供旧版操作系统访问的组名，选择组类型与组范围等。若要删除域组，则选中域组账户并单击鼠标右键，在弹出的快捷菜单中选择"删除"命令即可。

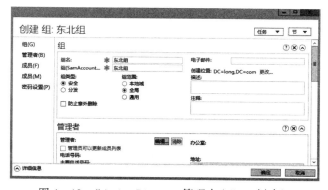

图4-19 "Active Directory 管理中心"—创建组

2. 添加域组的成员

若要将用户、域组等加入域组，则如图 4 - 20 所示，单击"成员"节点右侧的"添加"按钮，单击"高级"按钮，单击"立即查找"按钮，选取要加入的成员（按 Shift 键或 Ctrl 键可同时选择多个成员），单击"确定"按钮。图 4 - 20 所示为将账户 Alice、bob、Jhon 加入"东北组"。

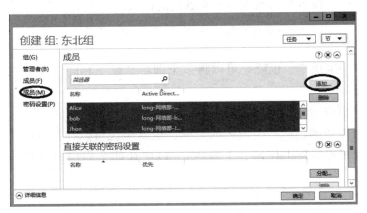

图 4 - 20 "Active Directory 管理中心"—添加域组成员

3. AD DS 内置的域组

AD DS 有许多内置的域组，它们分别隶属于本地域组、全局组、通用组与特殊组。

1) 内置的本地域组

这些本地域组本身已被赋予了一些权利与权限，以便让其具备管理 AD DS 域的能力。只要将用户或组账户加入这些组内，这些账户也会自动具备相同的权利与权限。下面是 Builtin 容器内常用的本地域组：

（1）Account Operators：其成员默认可在容器与组织单位内添加/删除/修改用户、组与计算机账户，不过部分内置的容器例外，例如 Builtin 容器与 Domain Controllers 组织单位，同时也不允许在部分内置的容器内添加计算机账户，例如 Users。其成员也无法更改大部分组的成员，例如 Administrators 等。

（2）Administrators：其成员具备系统管理员权限，对所有域控制器拥有最大控制权，可以执行 AD DS 管理工作。内置系统管理员 Administrator 就是此组的成员，而且无法将其从此组内删除。此组默认的成员包括 Administrator、全局组 Domain Admins、通用组 Enterprise Admins等。

（3）Backup Operators：其成员可以通过 Windows Server Backup 工具备份与还原域控制器内的文件，而不管是否有权限访问这些文件。其成员也可以对域控制器执行关机操作。

（4）Guests：其成员无法永久改变其桌面环境，当他们登录时，系统会为他们建立一个临时的用户配置文件，而注销时此配置文件就会被删除。此组默认的成员为用户账户 Guest 与全局组 Domain Guests。

（5）Network Configuration Operators：其成员可在域控制器上执行常规网络配置工作，例如变更 IP 地址，但不可以安装、删除驱动程序与服务，也不可执行与网络服务器配置有关的工作，例如 DNS 与 DHCP 服务器的设置。

（6）Performance Monitor Users：其成员可监视域控制器的运行情况。

（7）Pre – Windows 2000 Compatible Access：此组主要是为了与 Windows NT 4.0（或更旧的系统）兼容。其成员可以读取 AD DS 域内的所有用户与组账户。其默认的成员为特殊组 Authenticated Users。只有在用户的计算机安装了 Windows NT 4.0 或更早版本的系统时，才将用户加入此组内。

（8）Print Operators：其成员可以管理域控制器上的打印机，也可以将域控制器关闭。

（9）Remote Desktop Users：其成员可从远程计算机通过远程桌面登录。

（10）Server Operators：其成员可以备份与还原域控制器内的文件、锁定与解锁域控制器、将域控制器上的硬盘格式化、更改域控制器的系统时间、将域控制器关闭等。

（11）Users：其成员仅拥有一些基本权限，例如执行应用程序，他们不能修改操作系统的设置，不能修改其他用户的数据，不能将服务器关闭。此组默认的成员为全局组 Domain Users。

2）内置的全局组

AD DS 内置的全局组本身并没有任何权利与权限，但是可以将其加入具备权利与权限的本地域组，或另外直接分配权利或权限给此全局组。这些内置的全局组位于 Users 容器内。

下面列出了较常用的内置的全局组：

（1）Domain Admins：域成员计算机会自动将此组加入其本地组 Administrators 内，因此 Domain Admins 组内的每一个成员，在域内的每一台计算机上都具备系统管理员权限。此组默认的成员为域用户 Administrator。

（2）Domain Computers：所有的域成员计算机（域控制器除外）都会自动加入此组。MS1 就是该组的一个成员。

（3）Domain Controllers：域内的所有域控制器都会自动加入此组。

（4）Domain Users：域成员计算机会自动将此组加入其本地域组 Users，因此 Domain Users 内的用户将享有本地域组 Users 所拥有的权利与权限，例如拥有允许本机登录的权利。此组默认的成员为域用户 Administrator，而以后新建的域用户账户都自动隶属于此组。

（5）Domain Guests：域成员计算机会自动将此组加入本地域组 Guests。此组默认的成员为域用户账户 Guest。

3）内置的通用组

（1）Enterprise Admins：此组只存在于林根域，其成员有权管理域目录林内的所有域。此组默认的成员为林根域内的用户 Administrator。

（2）Schema Admins：此组只存在于林根域，其成员具备管理架构（schema）的权利。此组默认的成员为林根域内的用户 Administrator。

4）特殊组

除了前面所介绍的内置的域组之外，还有一些特殊组，这些特殊组的成员无法被更改。下面列出了几个经常使用的特殊组：

（1）Everyone：任何用户都属于这个组。若 Guest 账户被启用，则在分配权限给 Everyone 组时需小心，因为若一位在计算机内没有账户的用户通过网络登录计算机时，其会被自动允许利用 Guest 账户来连接，此时因为 Guest 账户也隶属于 Everyone 组，所以其具备 Everyone 组所拥有的权限。

（2）Authenticated Users：任何利用有效用户账户登录计算机的用户都隶属于此组。

（3）Interactive：任何在本机登录（按"Ctrl + Alt + Del"组合键登录）的用户都隶属于此组。

（4）Network：任何通过网络登录计算机的用户都隶属于此组。

（5）Anonymous Logon：任何未利用有效的普通用户账户登录计算机的用户都隶属于此组。Anonymous Logon 默认并不隶属于 Everyone 组。

（6）Dialup：任何利用拨号方式连接的用户都隶属于此组。

4.1.12　掌握域组的使用原则

为了让网络管理更为容易，同时也为了减少后续维护的负担，在利用域组管理网络资源时，建议尽量采用下面的原则（尤其是大型网络）：

（1）A、G、DL、P 原则；

（2）A、G、G、DL、P 原则；

（3）A、G、U、DL、P 原则；

（4）A、G、G、U、DL、P 原则。

其中，A 代表用户账户（userAccount），G 代表全局组（Global group），DL 代表本地域组（Domain Local group），U 代表通用组（Universal group），P 代表权限（Permission）。

1. A、G、DL、P 原则

A、G、DL、P 原则就是先将用户账户（A）加入全局组（G），再将全局组加入本地域组（DL），然后设置本地域组的权限（P），如图 4-21 所示。以此图为例，只要针对图中的本地域组设置权限，则隶属于该本地域组的全局组内的所有用户账户都会自动具备该权限。

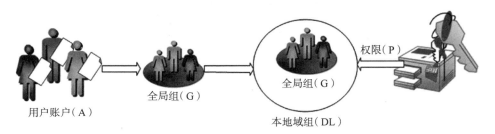

用户账户（A）　全局组（G）　全局组（G）　权限（P）　本地域组（DL）

图 4-21　A、G、DL、P 原则

举例来说，若甲域内的用户需要访问乙域内的资源，则由甲域的系统管理员负责在甲域建立全局组，将甲域用户账户加入此组；而乙域的系统管理员则负责在乙域建立本地域组，设置此组的权限，然后将甲域的全局组加入此组；之后由甲域的系统管理员负责维护全局组内的成员，而乙域的系统管理员则负责维护权限的设置，如此便可以将管理的负担分散。

2. A、G、G、DL、P 原则

A、G、G、DL、P 原则就是先将用户账户（A）加入全局组（G），将此全局组加入另一个全局组（G），再将此全局组加入本地域组（DL），然后设置本地域组的权限（P），如图 4 – 22 所示。图中的全局组（G3）包含 2 个全局组（G1 与 G2），它们必须是同一个域内的全局组，因为全局组只能够包含位于同一个域内的用户账户与全局组。

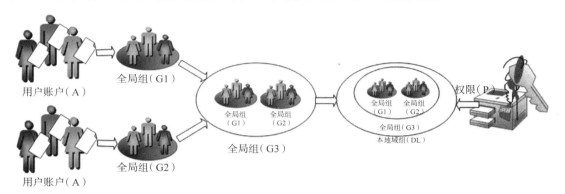

图 4 – 22　A、G、G、DL、P 原则

3. A、G、U、DL、P 原则

若全局组 G1 与 G2 不与 G3 在同一个域内，则无法采用 A、G、G、DL、P 原则，因为全局组（G3）无法包含位于另外一个域的全局组，此时需将全局组 G3 改为通用组，也就是需要改用 A、G、U、DL、P 原则。此原则是先将用户账户（A）加入全局组（G），将此全局组加入通用组（U），再将此通用组加入本地域组（DL），然后设置本地域组的权限（P），如图 4 – 23 所示。

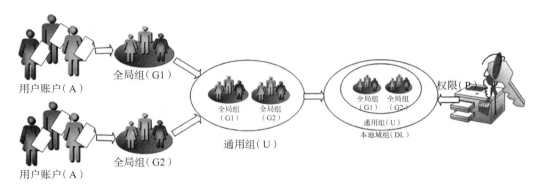

图 4 – 23　A、G、U、DL、P 原则

4. A、G、G、U、DL、P 原则

A、G、G、U、DL、P 原则与前面两种原则类似，在此不再重复说明。

也可以不遵循以上原则使用域组，不过会有一些缺点，例如可以：

（1）直接将用户账户加入本地域组，然后设置本地域组的权限。它的缺点是无法在其他域内设置此本地域组的权限，因为本地域组只能够访问所属域内的资源。

（2）直接将用户账户加入全局组，然后设置全局组的权限。它的缺点是如果网络内包含多个域，而每个域内都有一些全局组需要对此资源具备相同的权限，则需要分别替每一个全局组设置权限，这种方法比较浪费时间，会增加网络管理的负担。

4.2　项目设计及准备

本项目所有实例都部署在图 4 - 24 所示的域环境下。

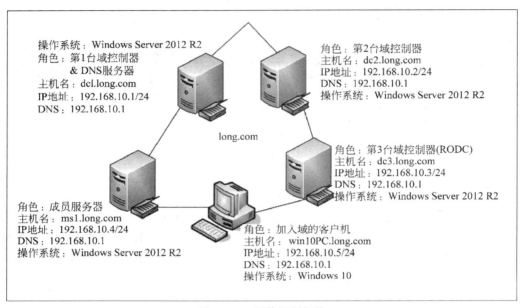

图 4 - 24　网络规划拓扑

在本项目中会用到域目录树的相关内容，但不是全部，在每个任务中会特别交代需要的网络拓扑。本项目要完成如下任务：使用"csvde"命令批量创建域用户账户，管理将计算机加入域的权限，使用 A、G、U、DL、P 原则管理域组（需要用到域目录林环境，使用单独网络拓扑）。

4.3　项目实施

项目实施遵循由易到难的原则，先进行域用户的导入与导出。

使用"csvde"批量创建用户

任务 4 - 1　使用"csvde"命令批量创建域用户账户

在 dc1. long. com 上实现域用户账户的导入，在 ms1. long. com 上进行验证。

1. 任务背景

未名公司基于 Windows Server 2012 R2 活动目录管理公司用户和计算机，公司计算机已经全部加入域，接下来需要根据人事部的公司员工名单为每一位员工创建域用户账户。

公司拥有员工近千人，并且平均每月都有近百名新员工入职，域管理员经常需要花费大量时间用于域用户账户的管理，因此域管理员希望通过导入的方式批量创建、禁用、删除域用户账户，以提高工作效率。

2. 任务分析

对于流动性比较大的公司，频繁的注册大量的域用户账户可以采用账户的导入功能将域用户账户导入域中，然后通过批处理脚本批量更改这些域用户的特定信息，如设置密码等。

针对本项目可以利用"csvde"命令导入域用户账户，参考步骤如下：

（1）利用"csvde"命令导出域用户账户（结果为 csv 文件）。

（2）打开导出的 csv 文件，按照公司用户属性信息要求删除一些无关项，并删除所有的域用户账户记录，保存该文件后，该文件即可用作账户导入的模板文件。

（3）将需要注册的用户信息按要求填入到模板文件的相应位置。

（4）利用"csvde"命令导入域用户账户，新导入的域用户账户默认为禁用状态。

（5）利用现有脚本，并对脚本中的操作对象作设置，然后批量更改新域用户账户的属性值（如密码），完成域用户账户的导入。

> **注意**
>
> 如果需要注册的域用户属于多个部门（在 AD 中一般属于多个 OU），可以先将这些需要注册的域用户全部导入一个新 OU 中，待完成相关属性修改后再拖到相应 OU 中。

3. 任务实施

该项任务的实施步骤如下。

1）在 dc1.long.com 上导出域用户账户

STEP 1 打开"运行"文本框，输入"cmd"，打开"命令提示符"窗口，或者直接单击左下角的"PowerShell"图标打开"命令提示符"窗口，输入"csvde /?"，可以查看"csvde"命令的用法。

STEP 2 使用"csvde – d"ou = network, dc = long, dc = com"– f c:\test\network.csv"命令导出"network"这个 OU 里面的所有域用户账户到 C 盘"test"目录下，文件名为"network.csv"，如图 4 – 25 所示。

"network"这个 OU 下一共有 4 个域用户账户，但导出了 5 个项目，这是为什么呢？细读"network.csv"文件可以看到，第 2 行是 OU 本身，也即组织单位"network"的属性数据。第 3 行 ~ 第 6 行是 4 个域用户账户的属性数据。

STEP 3 读者可以对这个导出的 csv 文件稍作修改（删除无须输入的列、清空用户）并作为导入的模板文件，然后填入新员工的相应信息（推荐使用 Excel 修改文件）。

STEP 4 将修改好的用户注册文件保存为 csv 格式。

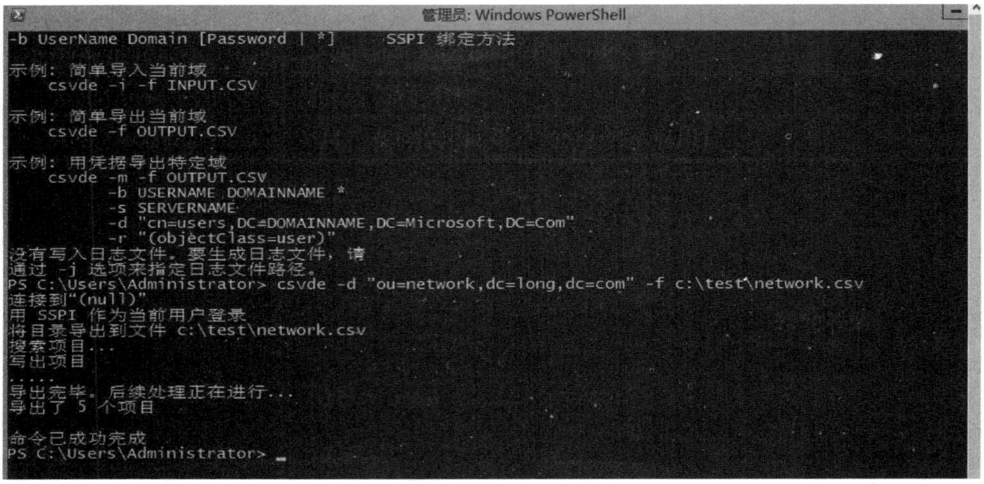

```
管理员: Windows PowerShell
-b UserName Domain [Password | *]      SSPI 绑定方法

示例: 简单导入当前域
    csvde -i -f INPUT.CSV

示例: 简单导出当前域
    csvde -f OUTPUT.CSV

示例: 用凭据导出特定域
    csvde -m -f OUTPUT.CSV
          -b USERNAME DOMAINNAME *
          -s SERVERNAME
          -d "cn=users,DC=DOMAINNAME,DC=Microsoft,DC=Com"
          -r "(objectClass=user)"
没有写入日志文件。要生成日志文件, 请
通过 -j 选项来指定日志文件路径。
PS C:\Users\Administrator> csvde -d "ou=network,dc=long,dc=com" -f c:\test\network.csv
连接到"(null)"
用 SSPI 作为当前用户登录
将目录导出到文件 c:\test\network.csv
搜索项目...
写出项目
.....
导出完毕。后续处理正在进行...
导出了 5 个项目

命令已成功完成
PS C:\Users\Administrator>
```

图 4-25　域用户账户导出

2）在 dc1. long. com 上导入域用户账户

STEP 1　利用记事本（notepad）说明如何建立供"csvde. exe"使用的文件，此文件的内容如图 4-26 所示。

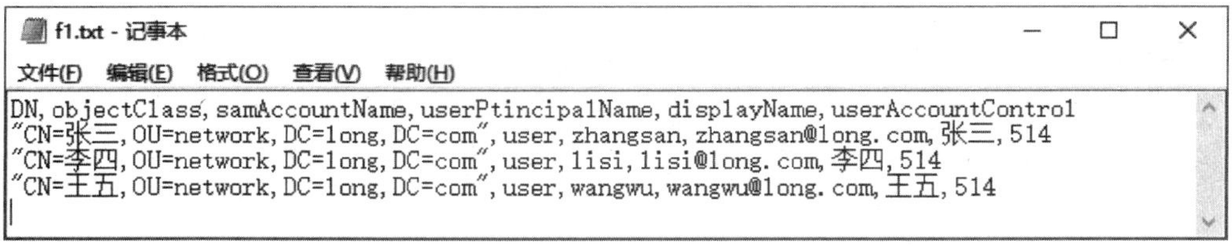

```
f1.txt - 记事本
文件(F) 编辑(E) 格式(O) 查看(V) 帮助(H)
DN,objectClass,samAccountName,userPtincipalName,displayName,userAccountControl
"CN=张三,OU=network,DC=long,DC=com",user,zhangsan,zhangsan@long.com,张三,514
"CN=李四,OU=network,DC=long,DC=com",user,lisi,lisi@long.com,李四,514
"CN=王五,OU=network,DC=long,DC=com",user,wangwu,wangwu@long.com,王五,514
```

图 4-26　导入文件模板

图 4-26 中第 2 行（含）以后都是要建立的每一个域用户账户的属性数据，各属性数据之间利用逗号（,）隔开。第 1 行用定义第 2 行（含）以后相对应的每一个属性。例如第 1 行的第 1 个字段为 DN（Distinguished Name），表示第 2 行开始每一行的第 1 个字段代表新对象的存储路径；又例如第 1 行的第 2 个字段为 objectClass，表示第 2 行开始每一行的第 2 个字段代表新对象的对象类型。

下面利用图 4-26 中的第 2 行数据进行说明，见表 4-2。

表 4-2　数据说明

属性	值与说明
DN（Distinguished Name）	CN = 张三，OU = network，DC = long，DC = com：对象的存储路径
objectClass	user：对象种类
samAccountName	zhangsan：用户 SamAccountName 登录
userPrincipalName	zhangsan@ long. com：用户 UPN 登录
displayName	张三：显示名称
userAccountControl	514：表示停用此账户（512 表示启用）

STEP 2 文件建立好后，打开"命令提示符"窗口（或单击"PowerShell"图标），然后执行下面的命令（如图4-27所示），假设文件名为"f1.txt"，且文件位于"C:\test"文件夹内：

```
csvde  -i  -f  c:\test\f1.txt
```

图4-27 成功导入3个域用户账户

STEP 3 打开"Active Directory 管理中心"窗口，可以看到执行命令后所建立的新账户，如图4-28所示，图中向下箭头符号表示账户被停用。

图4-28 成功导入域用户账户后的"Active Directory 管理中心"窗口

STEP 4 在需要启用的域用户账户上单击鼠标右键，在弹出的菜单快捷中选择"启用"命令如图4-29所示。

图4-29 启用域用户账户

STEP 5　给域用户账户设置密码。

首先建一个文本文档并写入如下内容：

net user zahngsan 123456@ a

net user lisi 123456@ b

net user wangwu 123456@ c

把该文件保存为 bat 格式，比如 "ff. bat"。

STEP 6　直接单击 "ff. bat" 文件。成功运行后，各域用户账户的密码就更新成功了。

3）在 ms1. long. com 上验证

STEP 1　在 ms1. long. com 计算机上以启用并设置好密码的域用户账户登录域 long. com。

STEP 2　查看是否成功。

任务 4-2　管理将计算机加入域的权限

管理将计算机
加入域的权限

需要用到 dc1. long. com 和 ms1. long. com。

1. 任务背景

未名公司基于 Windows Server 2012 R2 活动目录管理公司员工和计算机，公司仅允许加入公司域的计算机访问公司网络资源，但是在运维过程中出现了以下问题：

（1）网络部发现有一些员工使用了个人电脑，并通过自己的域用户账号授权将个人电脑加入公司域。在公司使用未经网络管理部验证的计算机会给公司网络带来安全隐患，公司要求禁止普通域用户账户授权计算机加入公司域，公司域的加入由域管理员授权。

（2）分公司或办事处有一台计算机需要加入公司域，但是分公司或办事处没有域管理员时无法加入。

（3）公司有一台客户机半年前因故障送修，取回后开机，域员工始终无法登录公司域（客户机与域控制器通信正常）。

2. 任务分析

（1）对于问题（1），公司可以限制普通域用户账户将计算机加入公司域的权限。

（2）对于问题（2），网络管理员可以预先获得这台要加入公司域的计算机名和使用该计算机的域用户账户，然后在域控制器上创建计算机账户，并授权该域用户账户将该计算机加入公司域。最后分公司或办事处人员使用该域用户账户将该计算机加入公司域。

（3）对于问题（3），如果一台域客户机因故有相当长一段时间未登录公司域，那么这台域客户机对应的计算机账户就会过期，在域环境中类似于 DHCP 服务器与客户机，域控制器和域客户机会定期更新契约，并基于该契约建立安全通道，如果契约过期并完全失效，那么就会导致域控制器和域客户机的信任关系破坏。如果要修复它们的信任关系，可以先在活动目录中删除该计算机账户，然后用该计算机的管理员账户退出公司域再重新加入公司域。

3. 任务实施

1）禁止普通域用户账户将计算机加入域

通过修改普通域用户账户，将允许计算机加入域的数量由 10 改为 0。

STEP 1 在 dc1. long. com 上，在"服务器管理器"主窗口下打开"ADSI 编辑器"窗口，用鼠标右键单击"ADSI 编辑器"，在弹出的快捷菜单中选择"连接到(C)..."选项，如图 4 – 30 所示。

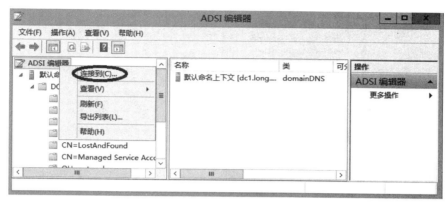

图 4 – 30　"ADSI 编辑器"窗口

STEP 2 在弹出的"连接设置"对话框中保持默认设置并单击"确定"按钮，打开"默认命名上下文[dc1. long. com]"条目，如图 4 – 31 所示。

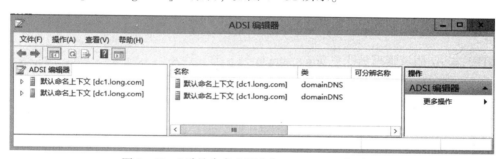

图 4 – 31　"默认命名上下文[dc1. long. com]"条目

提　　示

　　ADSI 编辑器在前面已经使用命令打开并编辑过（更改域控制器名称的相关内容），所以存在"默认命名上下文[dc1. long. com]"条目。如果存在该条目，前面两个步骤可以省略。

STEP 3 展开"默认命名上下文[dc1. long. com]"条目，用鼠标单击右键"DC = long，DC = com"条目，选择"属性"选项，在弹出的"DC = long，DC = com 属性"对话框中找到"ms – DS – MachineAccountQuota"，如图 4 – 32 所示。

STEP 4 将"ms – DC – MachineAccountQuota"的默认值 10 改为 0。这样允许普通域用户账户加入域的数量就为 0，即普通域用户账户不可将计算机加入域。

STEP 5 使用普通域用户账户 Alice 将一台普通客户机加入域，结果不成功，并提示"已超出此域所允许创建的计算机账户的最大值"，如图 4 – 33 所示。

图 4 – 32　"DC = long，DC = com 属性"对话框

STEP 6 使用域管理员账户 administrator 授权时，提示"欢迎加入 long. com 域"，如图 4 – 34 所示。

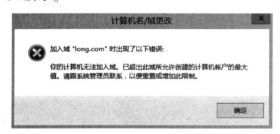

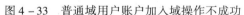

图 4 – 33　普通域用户账户加入域操作不成功　　　图 4 – 34　管理员账户成功加入域

2）通过授权普通域用户账户将指定计算机加入域

有一台网络部的计算机，计算机名为"win10pc"，该计算机是分配给账户 Alice 使用的，因此公司决定通过授权账户 Alicce 将该计算机加入域。

STEP 1 用鼠标右键单击域控制器的"Active Directory 用户和计算机"的"network"OU，在弹出的快捷菜单中选择"新建"→"计算机"命令，如图 4 – 35 所示。

STEP 2 弹出图 4 – 36 所示的"新建对象 – 计算机"对话框，输入计算机名"win10pc"，并单击"更改(C)…"按钮选择授权将该计算机加入域的用户或组账号。

STEP 3 弹出图 4 – 37 所示的"选择用户或组"对话框，在文本框中输入"Alice@long. com"（或者选择"高级"→"立即查找"命令，选择账户 Alice，单击"确定"按钮），单击"确定"按钮，结果如图 4 – 38 所示。

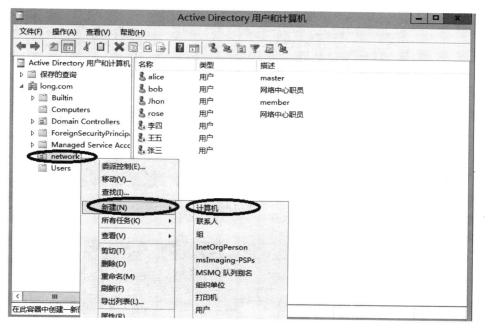

图 4 – 35 新建计算机账户

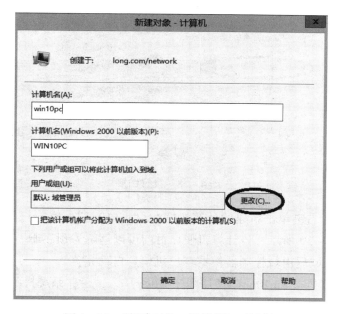

图 4 – 36 "新建对象 – 计算机"对话框

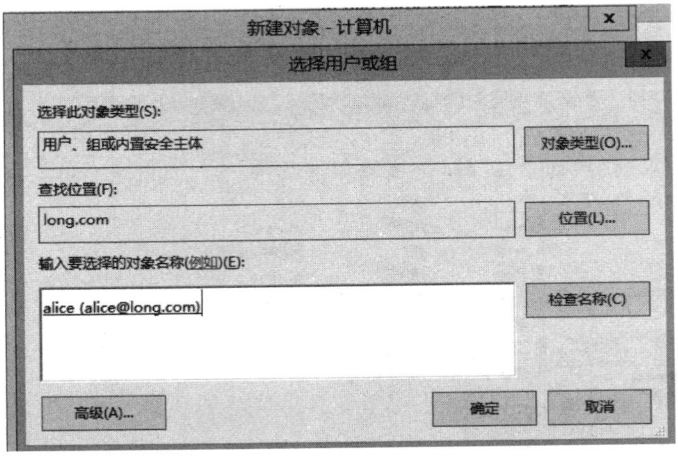

图 4 – 37 "选择用户和组"对话框

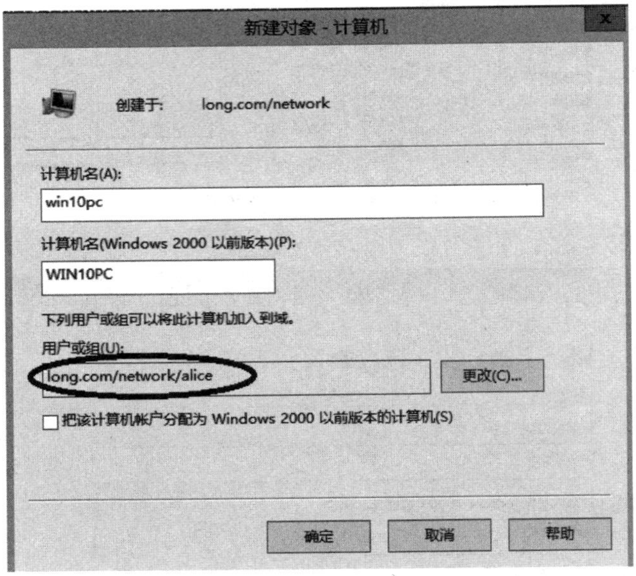

图 4 – 38 设置结果

STEP 4 用鼠标右键单击新建的计算机账户"win10pc",查看该账户的常规属性和操作系统属性,如图 4 – 39 所示。该计算机账户目前可以理解为预注册,它的很多信息还不完整,需要计算机加入域后由域控制器根据客户机信息自动完善。

STEP 5 在计算机"win10pc"使用账户 Alice 加入域后,系统提示"成功加入域",此时普通域用户账户并不受"普通用户允许将计算机加入域的数量属性"的限制。计算机"win10pc"成功加入域后,结果如图 4 – 40 所示,其相关信息已经由域控制器自动补充完善。

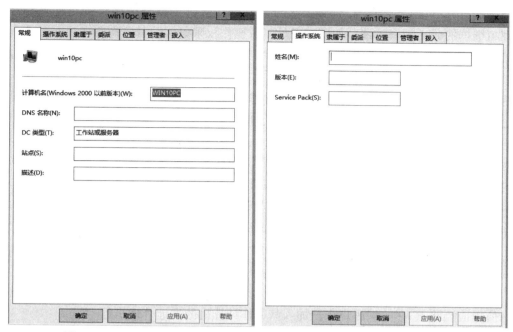

图 4-39 "win10pc 属性"对话框的"常规"和"操作系统"选项卡（1）

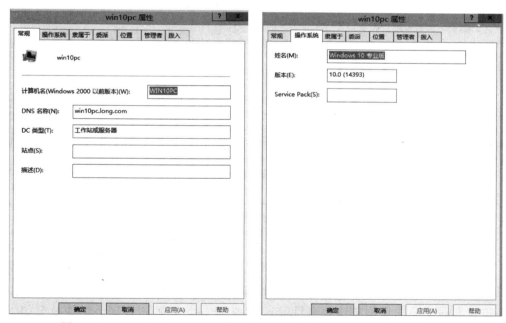

图 4-40 "win10pc 属性"对话框的"常规"和"操作系统"选项卡（2）

4. 补充：如何将域成员设定为客户机的管理员

1）问题背景

未名公司基于 Windows Server 2012 R2 活动目录管理公司员工和计算机。网络部有部分员工负责域的维护与管理，部分员工负责公司服务器群（如 Web 服务器、FTP 服务器、数据库服务器等）的维护与管理，部分员工分管其他业务部门计算机的维护与管理。面对网络管理与维护的分工越来越细，如何赋予员工域操作权限以匹配其工作职责呢？

情景1：域控制器的备份与还原由 Bob 负责，域管理员该如何给 Bob 设置合理的工作权限？

情景2：Rose 是软件测试组员工，因经常需要安装相关软件并配置测试环境，需要获得工作计算机的管理权限，域管理员又该如何处理呢？

2）问题求解分析

对于用户权限应遵循"权限最小化"原则，因此需要熟悉域控制器和域成员计算机内置组的权限，以便将域成员加入相应组来提升其权限。

对于情景1，Bob 仅负责域控制器的备份与还原，域控制器的备份与还原属于域控制器的工作范畴，所以应当在域控制器内置组中找到相应的组，这里显然对应于 Backup Operators 组，所以仅需将 Bob 对应的域用户账户加入该组（域控制器的备份与还原需要安装 "Windows Server Backup" 功能）。

对于情景2，Rose 的要求是提升其对工作计算机的管理权限，属于域成员计算机的工作范畴，所以应当将 Rose 的域用户账户加入其工作计算机的本地管理员组。

提　示

假设 Jhon 既负责域控制器的网络配置，又负责域控制器的性能监测，那么对于域控制器的内置组是没有相对应的内置组的，但是可以让 Jhon 的域用户账户属于 Network Configuration Operators 组和 Performance Log Users 组。

具体操作，请读者自己试一试。

任务 4-3　使用 A、G、U、DL、P 原则管理域组

使用 AGUDLP 原则
管理域组

4.1.12 节中讲到，A、G、U、DL、P 原则是先将用户账户（A）加入全局组（G），将全局组加入通用组（U），再将通用组加入本地域组（DL），然后设置本地域组的权限（P）。下面是应用该原则的例子。

1. 任务背景

未名公司目前正在进行某工程的实施，该工程需要总公司工程部和分公司工程部协同完成，需要创建一个共享目录，供总公司工程部和分公司工程部共享数据，公司决定在子域控制器 beijing. long. com 上临时创建共享目录 projects_share。请通过权限分配使总公司工程部和分公司工程部用户对共享目录有写入和删除权限。网络拓扑如图 4-41 所示。

2. 任务分析

为本任务创建的共享目录需要对总公司工程部和分公司工程部用户配置写入和删除权限。解决方案如下：

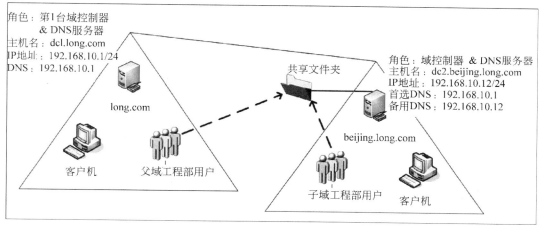

图4-41 任务4-3网络拓扑

（1）在总公司 dc1 和分公司 dc2 上创建相应工程部员工用户账户。

（2）在总公司 dc1 上创建全局组 Project_long_Gs，并将总公司工程部用户账户加入该全局组；在分公司上创建全局组 Project_beijingj_Gs，并将分公司工程部用户账户加入该全局组。

（3）在总公司 dc1（林根）上创建通用组 Project_long_Us，并将总公司和分公司的工程全局组配置为成员

（4）在子公司 dc2 上创建本地域组 Project_beijing_DLs，并将通用组 Project_long - Us 加入本地域组。

（5）创建共享目录 projects_share，配置本地域组权限为读写权限。

实施后面临的问题如下：

（1）总公司工程部员工新增或减少。

总公司管理员直接对工程部用户账户进行 project_long_Gs 全局组的加入与退出。

（2）分公司工程部员工新增或减少。

分公司管理员直接对工程部用户账户进行 project_beijing_Gs 全局组的加入与退出。

3. 任务实施

STEP 1　在总公司 dc1 上创建"Project"OU，在总公司的"Project"OU 里创建"Project_userA"和"Project_userB"工程部员工用户账户，如图 4-42 所示。

STEP 2　在分公司 dc2 创建"Project"OU，在分公司的"Project"OU 里创建"Project_user1"和"Project_user2"工程部员工用户账户，如图 4-43 所示。

STEP 3　在总公司 dc1 上创建全局组"project_long_Gs"，并将总公司工程部员工用户账户加入该全局组，如图 4-44 所示。

STEP 4　在分公司 dc2 上创建全局组"project_beijing_Gs"，并将分公司工程部员工用户账户加入该全局组，如图 4-45 所示。

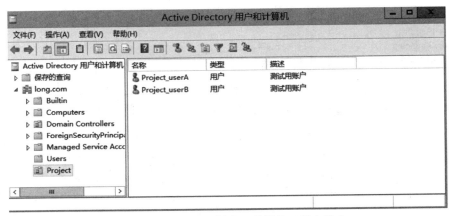

图4-42 在父域上创建工程部员工用户账户

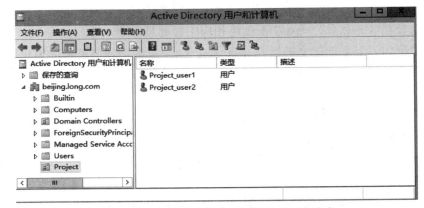

图4-43 在子域上创建工程部员工用户账户

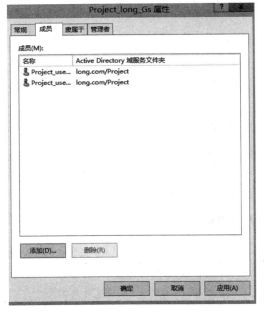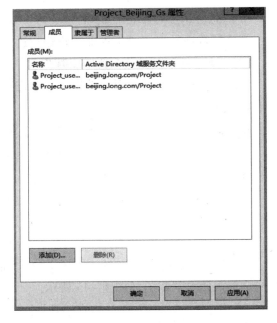

图4-44 将父域工程部员工用户账户添加到全局组　图4-45 将子域工程部员工用户账户添加到全局组

STEP 5 在总公司 dc1（林根）上创建通用组"Project_long_Us"，并将总公司和分公司的工程部全局组配置为成员（由于在不同域中，加入时注意"位置"信息），如图 4-46 所示。

STEP 6 在子公司的 dc2 上创建本地域组"Project_beijing_DLs"，并将通用组"Project_long_Us"加入本地域组，如图 4-47 所示。

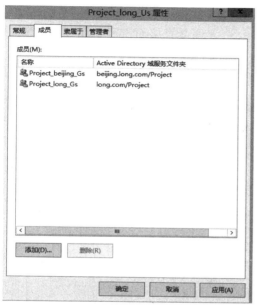

图 4-46 将全局组添加到通用组

图 4-47 将通用组添加到本地域组

STEP 7 在分公司 dc2 上创建共享目录 projects_share。如图 4-48 所示，单击图中圈定的向下箭头，找到本地域组"Project_beijing_DLs"并添加，并将读写的权限赋予该本地域组，然后单击"共享"按钮，最后单击"完成"按钮完成共享目录的设置。

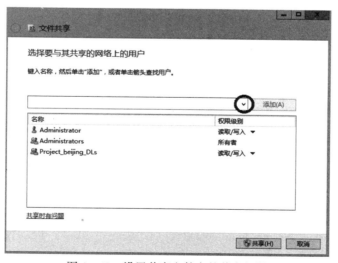

图 4-48 设置共享文件夹的共享权限

> **注意**
>
> 权限设置还可以结合 NTFS 权限，详细内容请参考相关书籍，在此不再赘述。

STEP 8 总公司工程部员工新增或减少：总公司管理员直接对工程部员工用户账户进行 Project_long_Gs 全局组的加入与退出。

STEP 9 分公司工程部员工新增或减少：分公司管理员直接对工程部员工用户账户进行 Project_beijing_Gs 全局组的加入与退出。

4. 测试验证

STEP 1 在客户机 ms1 上，单击"开始"菜单，打开"运行"文本框，输入 UNC 路径"\\dc2. beijing. long. com\Projects_Share"，在弹出的凭据对话框中输入总公司域用户账户名称"Project_userA@ long. com" 及密码，能够成功读取写入文件，如图 4-49 所示。

图 4-49 访问共享目录 (1)

STEP 2 注销 ms1 客户机，重新登录后，使用分公司域用户账户名称"Project_user1@ beijing. long. com" 访问"\\dc2. beijing. long. com\Projects_Share"共享，能够成功读取写入文件，如图 4-50 所示。

图 4-50 访问共享目录 (2)

STEP 3 再次注销 ms1 客户机，重新登录后，使用总公司域用户账户名称"Alice@ long. com" 访问"\\dc2. beijing. long. com\Projects_Share"共享，提示没有访问权限，因为账户 Alice 不是工程部域用户账户，如图 4-51 所示。

图 4 – 51   提示没有访问权限

任务4 – 4   在成员服务器上管理本地账户和组

1. 创建本地用户账户

用户可以在 ms1 上以本地管理员账户登录计算机，使用"计算机管理"中的"本地用户和组"管理单元创建本地用户账户，而且用户必须拥有管理员权限。创建本地用户账户 student1 的步骤如下：

STEP 1   执行"开始"→"管理工具"→"计算机管理"命令，打开"计算机管理"对话框。

STEP 2   在"计算机管理"窗口中，展开"本地用户和组"，在"用户"目录上单击鼠标右键，在弹出的快捷菜单中选择"新用户"选项，如图 4 – 52 所示。

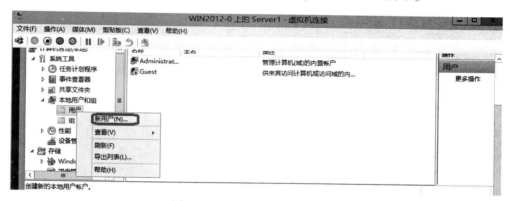

图 4 – 52   选择"新用户"选项

STEP 3   打开"新用户"对话框后，输入用户名、全名和描述，并且输入密码，如图 4 – 53 所示。可以设置密码选项，包括"用户下次登录时须更改密码""用户不能更改密码""密码永不过期""账户已禁用"等。设置完成后，单击"创建"按钮新增用户账户。创建完用户账户后，单击"关闭"按钮，返回"计算机管理"对话框。

有关密码的选项描述如下：

（1）密码：要求用户输入密码，系统用"＊"显示；

（2）确认密码：要求用户再次输入密码，以确认输入正确与否；

（3）用户下次登录时须更改密码：要求用户下次登录时必须修改该密码；

（4）用户不能更改密码：通常用于多个用户共用一个用户账户的情况，如 Guest 等；

（5）密码永不过期：通常用于 Windows Server 2012 R2 的服务账户或应用程序所使用的用户账户；

（6）账户已禁用：禁用用户账户。

2. 设置本地用户账户的属性

本地用户账户不只包括用户名和密码等信息，为了管理和使用方便，还包括其他属性，如用户隶属的用户组、用户配置文件、用户的拨入权限、终端用户设置等。

在"本地用户和组"的右窗格中，双击刚刚建立的用户"student1"，打开图 4 – 54 所示的"student1 属性"对话框。

图 4 – 53 "新用户"对话框

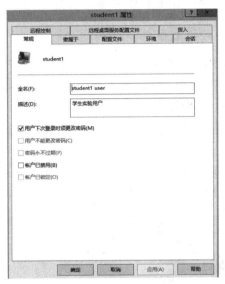

图 4 – 54 "student1 属性"对话框

1）"常规"选项卡

可以设置与用户账户有关的一些描述信息，包括全名、描述、账户选项等。管理员可以设置密码选项或禁用用户账户。如果用户账户已经被系统锁定，管理员可以解除锁定。

2）"隶属于"选项卡

在"隶属于"选项卡中，可以设置将该用户账户加入其他本地组中。为了管理方便，通常需要对用户组进行权限的分配与设置。用户账户属于哪个组，就具有哪个用户组的权限。新增的用户账户默认加入 users 组，users 组的用户账户一般不具备一些特殊权限，如安装应用程序、修改系统设置等，所以当分配给这个用户账户一些权限时，可以将该用户账户加入其他组，也可以单击"删除"按钮将用户账户从一个或几个用户组中删除。"隶属于"选项卡如图 4 – 55 所示。例如，将"student1"添加到管理员组的操作步骤如下：

单击图 4 – 55 中的"添加"按钮，在图 4 – 56 所示的"选择组"对话框中直接输入组的名称，例如管理员组的名称"Administrator"、高级用户组的名称"Power users"。输入组的名称后，如需要检查名称是否正确，则单击"检查名称"按钮，名称会变为"win2012 – 2\Administrators"。前面部分表示本地计算机名称，后面部分为组的名称。如果输入了错误的组的名称，检查时，系统将提示找不到该名称，并提示更改，再次搜索。

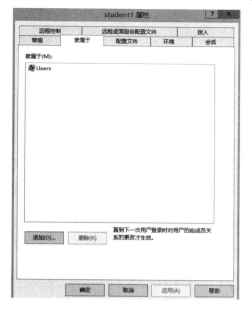

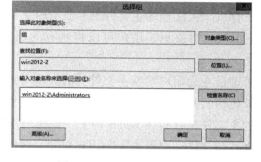

图 4 – 55　"隶属于"选项卡　　　　　　图 4 – 56　"选择组"对话框

如果不希望手动输入组的名称，也可以单击"高级"按钮，再单击"立即查找"按钮，从列表中选择一个或多个组（同时按 Ctrl 键和 Shift 键），如图 4 – 57 所示。

3）"配置文件"选项卡

在"配置文件"选项卡中可以设置用户账户的配置文件路径、登录脚本和主文件夹路径。"配置文件"选项卡如图 4 – 58 所示。

图 4 – 57　查找可用的组　　　　　　　图 4 – 58　"配置文件"选项卡

用户配置文件是存储当前桌面环境、应用程序设置以及个人数据的文件夹和数据的集合，还包括所有登录到该台计算机上所建立的网络连接。由于用户配置文件提供的桌面环境与用户最近一次登录到该计算机上所用的桌面相同，因此保持了用户桌面环境及其他设置的一致性。

当用户第一次登录到某台计算机上时，Windows Server 2012 R2 根据默认用户配置文件自动创建一个用户配置文件，并将其保存在该计算机上。默认用户配置文件位于 "C：\users\default" 文件夹中，该文件夹是隐藏文件夹，用户账户 student1 的配置文件位于 "C：\users\student1" 文件夹中。

除了 "C：\用户\用户名\我的文档" 文件夹外，Windows Server 2012 R2 还为用户提供了用于存放个人文档的主文件夹。主文件夹可以保存在客户机上，也可以保存在一个文件服务器的共享文件夹里。用户可以将所有的用户主文件夹都定位在某个网络服务器的中心位置上。

管理员在为用户实现主文件夹时，应考虑以下因素：用户可以通过网络中任意一台联网的计算机访问其主文件夹。在实现对用户文件的集中备份和管理时，基于安全性考虑，应将用户的主文件夹存放在 NTFS 卷中，以利用 NTFS 的权限保护用户的文件（放在 FAT 卷中只能通过共享文件夹权限来限制用户对主目录的访问）。

4）登录脚本

登录脚本是用户登录计算机时自动运行的脚本文件，脚本文件的扩展名可以是 VBS、BAT 或 CMD。

关于其他选项卡（如 "拨入" "远程控制" 选项卡）的介绍请参考 Windows Server 2012 R2 的帮助文件。

3. 删除本地用户账户

当用户不再需要使用某个用户账户时，可以将其删除。删除用户账户会导致与该用户账户有关的所有信息的遗失，所以在删除之前，最好确认其必要性或者考虑用其他方法，如禁用该用户账户。许多企业给临时员工设置了 Windows 账户，当临时员工离开企业时将用户账户禁用，而新来的临时员工需要用该用户账户时，只需改名即可。

在 "计算机管理" 对话框中，用鼠标右键单击要删除的用户账户，可以执行删除功能，但是系统内置账户如 Administrator、Guest 等无法删除。

在前面提到，每个用户账户都有一个名称之外的唯一 SID，SID 在新增用户账户时由系统自动产生，不同用户账户的 SID 不相同。由于系统在设置用户账户的权限、访问控制列表中的资源访问能力信息时，内部都使用 SID，所以一旦用户账户被删除，这些信息也就跟着消失了。重新创建一个名称相同的用户账户也不能获得原先用户账户的权限。

4. 使用命令行创建用户账户

重新以管理员的身份登录计算机 win2012 – 2，然后使用命令行创建一个新用户账户，命令格式如下（注意密码要满足密码复杂度要求）：

net user username password /add

例如要建立一个名称为 "mike"、密码为 "P@ ssw0rd2"（必须符合密码复杂度要求）

的用户账户，可以使用命令：

net user mike P@ ssw0rd2 /add

要修改旧的用户账户的密码，可以按如下步骤操作：

STEP 1 打开"计算机管理"对话框。

STEP 2 在对话框中选择"本地用户和组"选项。

STEP 3 用鼠标右键单击要为其重置密码的用户账户，然后在弹出的快捷菜单中选择"设置密码"选项。

STEP 4 阅读警告消息，如果要继续，单击"继续"按钮。

STEP 5 在"新密码"和"确认密码"中，输入新密码，然后单击"确定"按钮。

也可使用命令行方式：

net user username password

例如将用户账户 mike 的密码设置为"P@ ssw0rd3"（必须符合密码复杂度要求），可以运行命令：

net user mike P@ ssw0rd3

5. 创建本地组

Windows Server 2012 R2 计算机在运行某些特殊功能或应用程序时，可能需要特定的权限。为这些任务创建一个组，并将相应的成员添加到组中是一个很好的解决方案。对于计算机被指定的大多数角色来说，系统都会自动创建一个组来管理该角色。例如，如果计算机被指定为 DHCP 服务器，相应的组就会添加到计算机中。

要创建一个新组 common，首先打开"计算机管理"对话框。用鼠标右键单击"组"文件夹，在弹出的快捷菜单中选择"新建组"命令。在"新建组"对话框中，输入组名和描述，然后单击"添加"按钮向组中添加成员，如图 4-59 所示。

另外也可以使用命令行方式创建一个组，命令格式为：

net localgroup groupname /add

例如要添加一个名为"sales"的组，可以输入命令：

net localgroupsales /add

图 4-59 "新建组"对话框

6. 为本地组添加成员

可以将对象添加到任何组中。在域中，这些对象可以是本地用户、域用户，甚至是其他本地组或域组。但是在工作组环境中，本地组的成员只能是用户账户。

为了将成员 mike 添加到本地组 common 中，可以执行以下操作：

STEP 1 打开"开始"→"管理工具"→"计算机管理"对话框。

STEP 2 在左窗格中展开"本地用户和组"对象，双击"组"对象，在右窗格中显示本地组。

STEP 3 双击要添加成员的组"common"，打开组的属性对话框。

STEP 4 单击"添加"按钮，选择要加入的用户账户"mike"即可。

也可使用命令行，命令如下：

$$net \ localgroup \ groupname \ username \ /add$$

例如要将用户账户 mike 加入 administrators 组，可以使用命令：

$$net \ localgroup \ administrators \ mike \ /add$$

4.4 习题

一、填空题

1. 账户的类型分为_____、_____、_____。

2. 根据服务器的工作模式，组分为_____、_____。

3. 在工作组模式下，用户账户存储在_____中；在域模式下，用户账户存储在_____中。

4. 在活动目录中，组按照能够授权的范围，分为_____、_____、_____。

5. 某人创建了一个名为"Helpdesk"的全局组，其中包含所有帮助账户，希望帮助人员能在本地计算机桌面上执行任何操作，包括取得文件所有权，最好使用_____内置组。

二、选择题

1. 在设置域账户属性时，（　　）项目是不能被设置的。

A. 账户登录时间　　　　　　B. 账户的个人信息

C. 账户的权限　　　　　　　D. 指定账户登录域的计算机

2. （　　）不是合法的账户名。

A. abc_234　　　　　　　　B. Linux book

C. doctor *　　　　　　　　D. addeofHELP

3. （　　）用户不是内置本地域组成员。

A. Account Operator　　　　B. Administrator

C. Domain Admins　　　　　D. Backup Operators

4. 公司聘用了 10 名新雇员，希望这些新雇员通过 VPN 连接接入公司总部。公司创建了新用户账户，并将总部中的共享资源的"允许读取"和"允许执行"权限授予新雇员，但是新雇员无法访问总部的共享资源。若要确保用户能够建立可接入总部的 VPN 连接，应该（　　）。

A. 授予新雇员"允许完全控制"权限。

B. 授予新雇员"允许访问拨号"权限。

C. 将新雇员添加到 Remote Desktop Users 安全组。

D. 将新雇员添加到 Windows Authorization Access 安全组。

5. 公司有一个 Active Directory 域。有个用户试图从客户端计算机登录该域，但是收到以下消息："此用户账户已过期。请管理员重新激活该账户"。若要确保该用户能够登录 Active Directory 域，应该（　　）。

    A. 修改该用户账户的属性，将该用户账户设置为永不过期。

    B. 修改该用户账户的属性，延长"登录时间"设置。

    C. 修改该用户账户的属性，将密码设置为永不过期。

    D. 修改默认域策略，缩短用户账户锁定持续时间。

6. 公司有一个 Active Directory 域，名为"intranet. contoso. com"。所有域控制器都运行 Windows Server 2012 R2。域功能级别和林功能级别都设置为 Windows 2000 纯模式。若要确保用户账户有 UPN 后缀"contoso. com"，应该先（　　）。

    A. 将 contoso. com 林功能级别提升到 Windows Server 2008 或 Windows Server 2012 R2。

    B. 将 contoso. com 域功能级别提升到 Windows Server 2008 或 Windows Server 2012 R2。

    C. 将新的 UPN 后缀添加到域目录林。

    D. 将 Default Domain Controllers 组策略对象（GPO）中的"Primary DNS Suffix"选项设置为"contoso. com"。

7. 公司有一个总部和10个分部。每个分部有一个 Active Directory 站点，其中包含一个域控制器。只有总部的域控制器被配置为全局编录服务器。若需要在分部域控制器上停用"通用组成员身份缓存"（UGMC）选项，应在（　　）停用 UGMC。

    A. 站点　　　　　　　　　　B. 服务器

    C. 域　　　　　　　　　　　D. 连接对象

8. 公司有一个单域的 Active Directory 林。该域的功能级别是 Windows Server 2012 R2。执行以下活动：

    （1）创建一个全局通信组。

    （2）将用户账户添加到该全局通信组。

    （3）在 Windows Server 2012 R2 成员服务器上创建一个共享文件夹。

    （4）将该全局通信组放入有权访问该共享文件夹的本地域组中。

    （5）确保用户账户能够访问该共享文件夹。

    应该（　　）。

    A. 将林功能级别提升为 Windows Server 2012 R2。

    B. 将该全局通信组添加到 Domain Administrators 组中。

    C. 将该全局通信组的组类型更改为安全组。

    D. 将该全局通信组的作用域更改为通用通信组。

三、简答题

1. 简述工作组和域的区别。

2. 简述通用组、全局组和本地域组的区别。

3. 你负责管理你所属组的成员的用户账户以及对资源的访问权。组中的某个员工离开了公司，你希望在几天内有人来代替该员工。对于以前的用户账户，你应该如何处理？

4. 你需要在 AD DS 中创建数百个计算机账户，以便在无人参与安装的情况下预先配置这些账户。创建如此大量的账户的最佳方法是什么?

5. 用户报告说他们无法登录自己的计算机。错误消息表明计算机和域之间的信任关系中断。如何修正该问题?

6. BranchOffice_Admins 组对 BranchOffice_OU 中的所有用户账户有完全控制权限。对于从 BranchOffice_OU 移入 HeadOffice_OU 的用户账户,BranchOffice_Admins 组对该用户账户将有何权限?

4.5 实训项目 管理用户账户和组账户

1. 实训目的

(1) 掌握创建用户账户的方法。

(2) 掌握创建组账户的方法。

(3) 掌握管理用户账户的方法。

(4) 掌握管理组账户的方法。

(5) 掌握组的使用原则

2. 项目背景

本项目部署在图 4-60 所示的环境下。其中 win2012-1 和 win2012-2 是 VMware Workstation(或者 Hyper-V 服务器)的 2 台虚拟机,win2012-1 是域 long. com 的域控制器,win2012-2 是域 long. com 的成员服务器。本地用户和组的管理在 win2012-1 上进行,域用户和组的管理在 win2012-1 上进行,在 win2012-2 上进行测试。

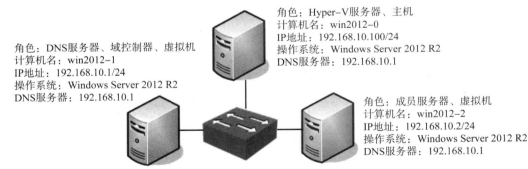

图 4-60 管理用户账户和组账户网络拓扑

3. 做一做

根据实训项目录像进行项目的实训,检查学习效果。

项目 5

管理文件系统与共享资源

项目背景

对于网络，最重要的是安全；对于安全，最重要的是权限。在网络中，网络管理员首先面对的是权限，日常解决的问题也是权限问题，最终出现漏洞还是由于权限设置的问题。权限决定着用户可以访问的数据、资源，也决定着用户享受的服务，更甚者，权限决定着用户拥有什么样的桌面。理解 NTFS 及其能力，对于高效地在 Windows Server 2012 R2 中实现这种功能来说是非常重要的。

学习要点

（1）掌握设置共享资源和访问共享资源的方法；
（2）掌握卷影副本的使用方法；
（3）掌握使用 NTFS 文件系统控制资源访问的方法。

5.1 相关知识

文件和文件夹是计算机系统组织数据的集合单位。Windows Server 2012 R2 提供了强大的文件管理功能，其 NTFS 文件系统具有高安全性能，用户可以十分方便地在计算机或网络上处理、使用、组织、共享和保护文件及文件夹。

文件系统是指命名、存储和组织文件的总体结构，运行 Windows Server 2012 R2 的计算机的磁盘分区可以使用 3 种类型的文件系统：FAT16、FAT32 和 NTFS。

5.1.1 FAT 文件系统

FAT（File Allocation Table）指的是文件分配表，包括 FAT16 和 FAT32 两种。FAT 是一种适合小卷集、对系统安全性要求不高、需要双重引导的用户选择使用的文件系统。

在推出 FAT32 文件系统之前，PC 使用的文件系统通常是 FAT16，如 MS - DOS、Windows 95 等系统。FAT16 文件系统支持的最大分区是 2^{16}（即 65 536）个簇，每簇有 64 个扇区，每个扇区有 512 字节，所以最大支持分区的大小为 2.147 GB。FAT16 文件系统最大的缺点就是簇的大小和分区有关，这样当外存中存放较多小文件时会浪费大量的空间。FAT32

文件系统是 FAT16 文件系统的派生文件系统，支持大到2TB（2 048 GB）的磁盘分区。它使用的簇比 FAT16 文件系统小，从而有效地节约了磁盘空间。

FAT 文件系统是一种最初用于小型磁盘和简单文件夹结构的简单文件系统。它向后兼容，最大的优点是适用于所有的 Windows 操作系统。另外，FAT 文件系统在容量较小的卷上使用比较好，因为启动 FAT 文件系统只使用非常小的开销。FAT 文件系统在容量低于 512 MB 的卷上工作最好，当卷容量超过 1.024 GB 时，效率就显得很低。对于 400～500 MB 的卷，FAT 文件系统相对于 NTFS 文件系统来说是比较好的选择。不过对于使用 Windows Server 2012 R2 的用户来说，FAT 文件系统则不能满足系统的要求。

5.1.2　NTFS 文件系统

NTFS（New Technology File System）是 Windows Server 2012 R2 推荐使用的高性能文件系统。它支持许多新的文件安全、存储和容错功能，而这些功能也正是 FAT 文件系统所缺少的。

NTFS 文件系统是从 Windows NT 开始使用的文件系统，它采用特别为网络和磁盘配额、文件加密等管理安全特性设计的磁盘格式。NTFS 文件系统包括文件服务器和高端个人计算机所需的安全特性，它还支持对关键数据以及十分重要的数据的访问控制和私有权限。除了可以赋予计算机中的共享文件夹特定权限外，NTFS 文件和文件夹无论共享与否都可以赋予权限，NTFS 文件系统是唯一允许为单个文件指定权限的文件系统。但是，当用户从 NTFS 卷移动或复制文件到 FAT 卷时，NTFS 文件系统权限和其他特有属性将会丢失。

NTFS 文件系统设计简单，但功能强大，从本质上讲，卷中的一切都是文件，文件中的一切都是属性。从数据属性到安全属性，再到文件名属性，NTFS 卷中的每个扇区都分配给了某个文件，甚至文件系统的超数据（描述文件系统自身的信息）也是文件的一部分。

如果安装 Windows Server 2012 R2 系统时采用了 FAT 文件系统，用户也可以在安装完毕之后，使用命令把 FAT 分区转化为 NTFS 分区：

convert　　D:/FS:NTFS

上面的命令是将 D 盘转换成 NTFS 格式。无论在运行安装程序中还是在运行安装程序后，相对于重新格式化的磁盘来说，这种转换不会使用户的文件受到损害。但由于 Windows 95/98 系统不支持 NTFS 文件系统，所以在配置双重启动系统，即在同一台计算机上同时安装 Windows Server 2012 R2 和其他操作系统（如 Windows 98）时，则可能无法从计算机上的另一个操作系统访问 NTFS 分区上的文件。

5.2　项目设计及准备

本项目的所有实例都部署在图 5-1 所示的域环境下。其中 win2012-0 是物理主机，可以是安装了 VMware Workstation 的服务器，也可以是 Hyper-V 服务器，win2012-1 和 win2012-2 是 VMware Workstation（或者 Hyper-V 服务器）的 2 台虚拟机。在 win2012-1 与 win2012-2 上可以测试资源共享情况，而资源访问权限的控制、加密文件系统与压缩、分布式文件系统等在 win2012 – 1 上实施并测试。

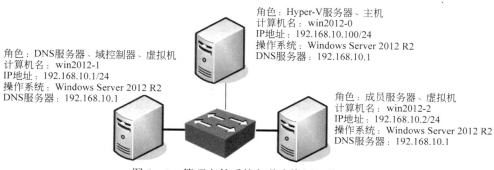

图 5 – 1　管理文件系统与共享资源网络拓扑

5.3　项 目 实 施

按图 5 – 1 所示，配置好 win2012 – 1 和 win2012 – 2 的所有参数。保证 win2012 – 1 和 win2012 – 2 之间通信畅通。建议将 Hyper – V 中虚拟网络的模式设置为"专用"，或者在 VMware Workstation 中使用仅主机模式。

任务 5 – 1　设置资源共享

为安全起见，在默认状态下，服务器中所有的文件夹都不被共享。而创建文件服务器时，只创建一个共享文件夹。因此，若要授予用户某种资源的访问权限，必须先将该文件夹设置为共享，然后赋予授权用户相应的访问权限。创建不同的用户组，并将拥有相同访问权限的用户加入同一用户组，会使用户权限的分配变得简单而快捷。

1. 在"计算机管理"对话框中设置共享资源

STEP 1　在 win2012 – 1 上选择"开始"→"管理工具"→"计算机管理"→"共享文件夹"选项，展开左窗格中的"共享文件夹"，如图 5 – 2 所示。该"共享文件夹"提供有关本地计算机上的所有共享、会话和打开文件的相关信息，可以查看本地和远程计算机的连接和资源使用概况。

图 5 – 2　"计算机管理 – 共享文件夹"窗口

注意

　　共享名称后带有"$"符号的表示隐藏共享。对于隐藏共享，网络上的用户无法通过网上邻居直接浏览。

　　STEP 2 在右窗格中用鼠标右键单击"共享"图标，在弹出的快捷菜单中选择"新建共享"命令，即可打开"创建共享文件夹向导"对话框。注意权限的设置，如图5-3所示。其他操作过程不再详述。

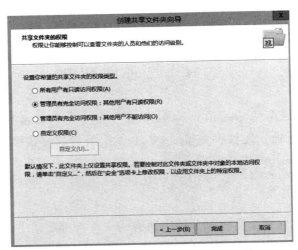

图5-3 "创建共享文件夹向导"对话框

做一做

　　请读者将win2012-1的文件夹"C:\share1"设置为共享，并赋予管理员完全访问权限，赋予其他用户只读权限。提前在win2012-1上创建用户student1。

　　2. 特殊共享

　　前面提到的共享资源中有一些是系统自动创建的，如C$、IPC$等。这些系统自动创建的共享资源就是所谓的"特殊共享"，它们是Windows Server 2012 R2用于本地管理和供系统使用的。一般情况下，用户不应该删除或修改这些特殊共享。

　　由于被管理计算机的配置情况不同，共享资源中所列出的这些特殊共享也有所不同。

　　下面列出了一些常见的特殊共享：

　　（1）driveletter$：为存储设备的根目录创建的一种共享资源。显示形式为C$、D$等。例如，D$是一个共享名，管理员通过它可以从网络上访问驱动器。值得注意的是，只有Administrators组、Power Users组和Server Operators组的成员才能连接这些共享资源。

　　（2）ADMIN$：在远程管理计算机的过程中系统使用的资源。该资源的路径通常指向Windows Server 2012 R2系统目录的路径。同样，只有Administrators组、PowerUsers组和Server Operators组的成员才能连接这些共享资源。

（3）IPC$：共享命名管道的资源，它对程序之间的通信非常重要。在远程管理计算机的过程中及查看计算机的共享资源时使用。

（4）PRINT$：在远程管理打印机的过程中使用的资源。

任务5-2　访问网络共享资源

企业网络中的客户端计算机可以根据需要采用不同方式访问网络共享资源。

1. 利用网络发现

> **提示**
>
> 必须确保win2012-1和win2012-2开启了网络发现功能，并且运行了要求的3个服务（自动、启动）。请参考项目2中的相关内容。

分别以student1和administrator的身份访问win2012-1中所设的共享share1，步骤如下：

STEP 1 在win2012-2上，单击左下角的资源管理器图标，打开"资源管理器"窗口，单击窗口左下角的"网络"链接，打开win2012-2的"网络"窗口，如图5-4所示。

STEP 2 双击"win2012-1"计算机，弹出"Windows安全"对话框。输入"student1"及密码，连接到win2012-1，如图5-5所示（用户student1是win2012-1下的用户）。

图5-4　"网络"窗口

图5-5　"Windows安全"对话框

STEP 3 单击"确定"按钮，打开win2012-1上的共享文件夹，如图5-6所示。

STEP 4 双击"share1"共享文件夹，尝试在下面新建文件，失败。

STEP 5 注销win2012-2，重新执行前述4步操作。注意本次输入win2012-1的administrator用户名及密码，连接到win2012-1。验证任务5-1设置的共享的权限情况。

图5-6　win2012-1上的共享文件夹

2. 使用 UNC 路径

UNC（Universal Namimg Conversion，通用命名标准）是用于命名文件和其他资源的一种约定，以两个反斜杠"＼"开头，指明该资源位于网络计算机上。UNC 路径的格式为：

＼＼Servername＼sharename

其中 Servername 是服务器的名称，也可以用 IP 地址代替，而 sharename 是共享资源的名称。目录或文件的 UNC 路径也可以把目录路径包括在共享名称之后，其格式如下：

＼＼Servername＼sharename＼directory＼filename

本任务在 win2012 – 2 的运行中输入如下命令，并分别以不同用户连接到 win2012 – 1 以测试任务 5 – 1 所设共享的权利情况：

＼＼192.168.10.2＼share1

或者

＼＼win2012 – 1＼share1

任务 5 – 3　使用卷影副本

用户可以通过"共享文件夹的卷影副本"功能，让系统自动在指定的时间将所有共享文件夹内的文件复制到另外一个存储区内备用。当用户通过网络访问共享文件夹内的文件，将文件删除或者修改文件的内容后，却反悔想要恢复该文件或者还原文件的原来内容时，可以通过卷影副本存储区内的旧文件来达到目的，因为系统之前已经将共享文件夹内的所有文件都复制到卷影副本存储区内。

1. 启用"共享文件夹的卷影副本"功能

在 win2012 – 1 上，在共享文件夹"share1"下建立"test1"和"test2"两个文件夹，并在该共享文件夹所在的计算机 win2012 – 1 上启用"共享文件夹的卷影副本"功能，步骤如下：

STEP 1 选择"开始"→"管理工具"→"计算机管理"选项，打开"计算机管理"对话框。

STEP 2 用鼠标右键单击"共享文件夹"，在弹出的快捷菜单中选择"所有任务"→"配置卷影副本"命令，如图 5 – 7 所示。

STEP 3 在"卷影副本"选项卡下，选择要启用"卷影复制"的驱动器（例如 C 盘），单击"启用"按钮，如图 5 – 8 所示。单击"是"按钮。此时，系统会自动为该磁盘创建第一个卷影副本，也就是将该磁盘内所有共享文件夹内的文件都复制到卷影副本存储区内，而且系统默认以后会在星期一至星期五的上午 7：00 与下午 12：00 两个时间点，分别自动添加一个卷影副本，也就是在这两个时间到达时会将所有共享文件夹内的文件复制到"卷影副本"存储区内备用。

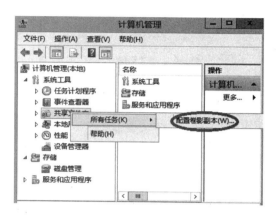

图 5 - 7 选择"配置卷影副本"命令

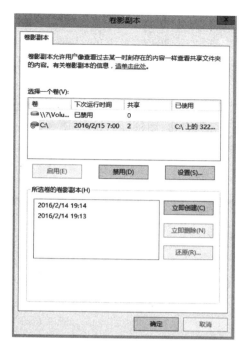

图 5 - 8 启用卷影副本

> **注意**
> 　　用户还可以在资源管理器中双击"这台电脑",然后用鼠标右键单击任意一个磁盘分区,选择"属性"→"卷影副本"选项,同样能启用"共享文件夹的卷影副本"功能。

　　如图 5 - 8 所示,C 盘已经有两个卷影副本,用户还可以随时单击图中的"立即创建"按钮,自行创建新的卷影副本。用户在还原文件时,可以选择在不同时间点所创建的卷影副本内的旧文件来还原文件。

> **注意**
> 　　卷影副本内的文件只可以读取,不可以修改,而且每个磁盘最多只可以有 64 个卷影副本。如果达到此限制,则最旧版本的卷影副本会被删除。

　　系统会以共享文件夹所在磁盘的磁盘空间决定卷影副本存储区的容量大小,默认配置该磁盘空间的 10% 作为"卷影副本"存储区,而且该存储区最小需要100 MB。如果要更改其容量,单击图 5 - 8 中的"设置"按钮,打开图 5 - 9 所示的"设置"对话框,然后在"最大值"处更改设置,还可以单击"计划"按钮更改自动创建卷影副本的时间点。用户还可以通过图 5 - 9 中的"位于此卷"下拉列表来更改存储卷影副本的磁盘,不过必须在启用"共享文件夹的卷影副本"功能前更改,启用后就无法更改了。

2. 客户端访问卷影副本内的文件

先将 win2012 - 1 上的"share1"文件夹中的"test1"文件夹删除，再用此前的卷影副本进行还原，测试是否恢复了"test1"文件夹，步骤如下：

STEP 1 在 win2012 - 2 上，以 win2012 - 1 计算机的 administrator 身份连接到 win2012 - 1 上的共享文件夹，删除"share1"文件夹中的"test1"文件夹。

STEP 2 用鼠标右键单击"share1"文件夹，打开"share1（\\win2012 - 2）属性"对话框，单击"以前的版本"选项卡，如图 5 - 10 所示。

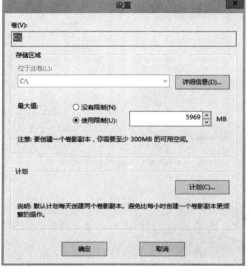

图 5 - 9 "设置"对话框　　　　图 5 - 10 "share1（\\win2012 - 2）属性"对话框

STEP 3 选择"share1 2016/2/14/19：20"版本，通过单击"打开"按钮可查看该时间点内的文件夹内容，通过单击"复制"按钮可以将该时间点的"share1"文件夹复制到其他位置，通过单击"还原"按钮可以将文件夹还原到该时间点的状态。在此单击"还原"按钮，还原误删除的"test1"文件夹。

STEP 4 打开"share1"文件夹，检查"test 1"文件夹是否被恢复。

> **提　示**
>
> 如果要还原被删除的文件，可在连接到共享文件夹后，用鼠标右键单击文件列表对话框中空白的区域，在弹出的快捷菜单中选择"属性"选项，选择"以前的版本"选项卡，选择旧版本的文件夹，单击"打开"按钮，然后复制需要还原的文件。

任务 5 - 4　认识 NTFS 权限

利用 NTFS 权限，可以控制用户账户和组对文件夹和个别文件的访问。

NTFS 权限只适用于 NTFS 磁盘分区。NTFS 权限不能用于由 FAT 或者 FAT32 文件系统格式化的磁盘分区。

Windows 2008 只为用 NTFS 文件系统进行格式化的磁盘分区提供 NTFS 权限。为了保护 NTFS 磁盘分区上的文件和文件夹，要为需要访问该资源的每一个用户账户授予 NTFS 权限。用户必须获得明确的授权才能访问资源。用户账户如果没有被组授予权限，就不能访问相应的文件或者文件夹。不管用户账户是访问文件还是访问文件夹，也不管这些文件或文件夹是在计算机上还是在网络上，NTFS 文件系统的安全性功能都有效。

对于 NTFS 磁盘分区上的每一个文件和文件夹，NTFS 文件系统都存储一个远程访问控制列表（ACL）。ACL 中包含那些被授权访问该文件或者文件夹的所有用户账户、组和计算机，还包含它们被授予的访问类型。为了让一个用户账户访问某个文件或者文件夹，针对用户账户、组或者该用户账户所属的计算机，ACL 中必须包含一个相对应的元素，这样的元素叫作访问控制元素（ACE）。为了让用户账户能够访问文件或者文件夹，访问控制元素必须具有用户账户所请求的访问类型。如果 ACL 中没有相应的 ACE 存在，Windows Server 2012 R2 就拒绝该用户账户访问相应的资源。

1. NTFS 权限

可以利用 NTFS 权限指定哪些用户账户、组和计算机能够访问文件和文件夹。NTFS 权限也指明哪些用户账户、组和计算机能够操作文件或者文件夹中的内容。

可以通过授予文件夹权限，控制对文件夹和包含在这些文件夹中的文件和子文件夹的访问。表 5-1 列出了可以授予的标准 NTFS 文件夹权限和各个权限的允许访问类型。

表 5-1 标准 NTFS 文件夹权限

NTFS 文件夹权限	允许访问类型
读取（Read）	查看文件夹中的文件和子文件夹，查看文件夹的属性、拥有人和权限
写入（Write）	在文件夹内创建新的文件和子文件夹，修改文件夹的属性，查看文件夹的拥有人和权限
列出文件夹内容（List Folder Contents）	查看文件夹中的文件和子文件夹的名称
读取和运行（Read & Execute）	遍历文件夹，执行"读取"权限和"列出文件夹内容"权限的动作
修改（Modify）	删除文件夹，执行"写入"权限和"读取和运行"权限的动作
完全控制（Full Control）	改变权限，成为拥有人，删除子文件夹和文件，以及执行所有其他 NTFS 文件夹权限允许进行的动作

注意

"只读""隐藏""归档"和"系统文件"等都是文件夹的属性，不是 NTFS 权限。

无论有什么权限保护文件，被准许对文件夹进行"完全控制"的组或用户账户都可以删除该文件夹内的任何文件。尽管"列出文件夹内容"和"读取和运行"看起来有相同的特殊权限，但这些权限在继承时却有所不同。"列出文件夹内容"可以被文件夹继承而不能被文件继承，并且它只在查看文件夹权限时才会显示。"读取和运行"可以被文件和文件夹继承，并且在查看文件和文件夹权限时始终出现。

2. 多重 NTFS 权限

如果将针对某个文件或者文件夹的权限授予个别用户账户，又授予某个组，而该用户账户是该组的一个成员，那么该用户账户就对同样的资源有了多个权限。关于 NTFS 如何组合多个权限，存在一些规则和优先权。除此之外，在复制或者移动文件和文件夹时，对权限也会产生影响。

1）权限是累积的

一个用户对某个资源的有效权限是授予这一用户账户的 NTFS 权限与授予该用户所属组的 NTFS 权限的组合。例如，如果用户账户 Long 对文件夹"Folder"有"读取"权限，该用户账户 Long 是组 Sales 的成员，而该组 Sales 对文件夹"Folder"有"写入"权限，那么该用户账户 Long 对文件夹"Folder"就有"读取"和"写入"两种权限。

2）文件权限超越文件夹权限

NTFS 的文件权限超越 NTFS 的文件夹权限。例如，某个用户账户对某个文件有"修改"权限，那么即使其对于包含该文件的文件夹只有"读取"权限，其仍然能够修改该文件。

3）"拒绝"权限超越其他权限

可以拒绝某用户账户或者组对特定文件或者文件夹的访问，为此，将"拒绝"权限授予该用户账户或者组即可。这样，即使某个用户账户作为某个组的成员具有访问该文件或文件夹的权限，但是因为将"拒绝"权限授予该用户账户，所以该用户账户具有的任何其他权限也被阻止了。因此，对于权限的累积规则来说，"拒绝"权限是一个例外。应该避免使用"拒绝"权限，因为允许用户账户和组进行某种访问比明确拒绝它们进行某种访问更容易做到。应该巧妙地构造组和组织文件夹中的资源，使各种各样的"允许"权限就足以满足需要，从而避免使用"拒绝"权限。

例如，用户账户 Long 同时属于 Sales 组和 Manager 组，文件"File1"和"File2"是文件夹"Folder"下面的两个文件。其中，用户账户 Long 拥有对文件夹"Folder"的"读取"权限，Sales 组拥有对文件夹"Folder"的"读取"和"写入"权限，Manager 组则被禁止对文件"File2"的写操作。那么用户账户 Long 的最终权限是什么？

由于使用了"拒绝"权限，用户账户 Long 拥有对文件夹"Folder"和文件"File1"的"读取"和"写入"权限，但对文件"File2"只有"读取"权限。

注意

在 Windows Server 2012 R2 中，用户账户不具有某种访问权限和明确地拒绝用户账户的访问权限，这二者之间是有区别的。"拒绝"权限是通过在 ACL 中添加一个针对特定文件或者文件夹的拒绝元素而实现的。这就意味着管理员还有另一种拒绝访问的手段，而不仅仅是不允许某个用户访问文件或文件夹。

3. 共享文件夹权限与 NTFS 权限的组合

如何快速有效地控制对 NTFS 磁盘分区上网络资源的访问呢？答案就是利用默认的共享文件夹权限共享文件夹，然后，通过授予 NTFS 权限控制对这些文件夹的访问。当共享文件夹位于 NTFS 磁盘分区上时，该共享文件夹权限与 NTFS 权限进行组合，用以保护文件资源。

要为共享文件夹设置 NTFS 权限，可在 win2012 – 1 上的共享文件夹（图 5 – 2）的属性对话框中选择"共享权限"选项卡，如图 5 – 11 所示。

共享文件夹权限具有以下特点：

（1）共享文件夹权限只适用于文件夹，而不适用于单独的文件，并且只能为整个共享文件夹设置共享权限，而不能对共享文件夹中的文件或子文件夹进行设置，所以共享文件夹不如 NTFS 权限详细。

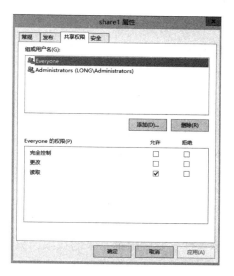

图 5 – 11　"share1 属性"对话框

（2）共享文件夹权限并不对直接登录到计算机上的用户起作用，只适用于通过网络连接该文件夹的用户，即共享文件夹权限对直接登录到服务器上的用户是无效的。

（3）在 FAT/FAT32 系统卷上，共享文件夹权限是保证网络资源被安全访问的唯一方法。原因很简单，就是 NTFS 权限不适用于 FAT/FAT32 卷。

（4）默认的共享文件夹权限是"读取"，并被指定给 Everyone 组。

共享文件夹权限分为"读取""修改""完全控制"，见表 5 – 2。

表 5 – 2　共享文件夹权限

权　　限	允许用户完成的操作
读取	显示文件夹名称、文件名称、文件数据和属性，运行应用程序文件，改变共享文件夹内的文件夹
修改	创建文件夹、向文件夹中添加文件、修改文件中的数据、向文件中追加数据、修改文件属性、删除文件夹和文件、执行"读取"权限所允许的操作
完全控制	修改文件权限、获得文件的所有权、执行"修改"和"读取"权限允许的所有操作，在默认情况下，Everyone 组具有该权限

当管理员对 NTFS 权限和共享文件夹权限进行组合时，结果是组合的 NTFS 权限，或者组合的共享文件夹权限，哪个范围更窄取哪个。

当在 NTFS 卷上为共享文件夹授予权限时，应遵循如下规则：

（1）可以对共享文件夹中的文件和子文件夹应用 NTFS 权限。可以对共享文件夹中包含的每个文件和子文件夹应用不同的 NTFS 权限。

（2）除共享文件夹权限外，用户必须有该共享文件夹包含的文件和子文件夹的 NTFS 权限，才能访问那些文件和子文件夹。

（3）在 NTFS 卷上必须要求 NTFS 权限。默认 Everyone 组具有"完全控制"权限。

任务 5 – 5　继承与阻止 NTFS 权限

1. 使用权限的继承性

在默认情况下，授予父文件夹的任何权限也将应用于包含在该文件夹中的子文件夹和文件。当授予访问某个文件夹的 NTFS 权限时，就将授予该文件夹的 NTFS 权限授予了该文件夹中任何现有的文件和子文件夹，以及在该文件夹中创建的任何新文件和新的子文件夹。

如果想让文件夹或者文件具有不同于它们的父文件夹的权限，必须阻止权限的继承性。

2. 阻止权限的继承性

阻止权限的继承性，也就是阻止子文件夹和文件从父文件夹继承权限。为了阻止权限的继承性，要删除继承来的权限，只保留被明确授予的权限。

被阻止从父文件夹继承权限的子文件夹成为新的父文件夹。包含在这一新的父文件夹中的子文件夹和文件将继承授予它们的父文件夹的权限。

若要禁止权限继承，以"test2"文件夹为例，打开该文件夹的属性对话框，单击"安全"选项卡，单击"高级"→"权限"按钮，出现图 5 – 12 所示的"test2 的高级安全设置"对话框。选中某个要阻止继承的权限，单击"禁用继承"按钮，在弹出的"阻止继承"菜单中选择"将已继承的权限转换为此对象的显示权限"或"从此对象中删除所有已继承的权限"命令。

任务 5 – 6　复制和移动文件和文件夹

1. 复制文件和文件夹

当从一个文件夹向另一个文件夹复制文件或者文件夹时，或者从一个磁盘分区向另一个磁盘分区复制文件或者文件夹时，这些文件或者文件夹具有的权限可能发生变化。复制文件或者文件夹对 NTFS 权限产生下述效果：

当在单个 NTFS 磁盘分区内或在不同的 NTFS 磁盘分区之间复制文件夹或者文件时，文件夹或者文件的复件将继承目的地文件夹的权限。

当将文件或者文件夹复制到非 NTFS 磁盘分区（如文件分配表 FAT 磁盘分区）时，因为非 NTFS 磁盘分区不支持 NTFS 权限，所以这些文件夹或文件就丢失了它们的 NTFS 权限。

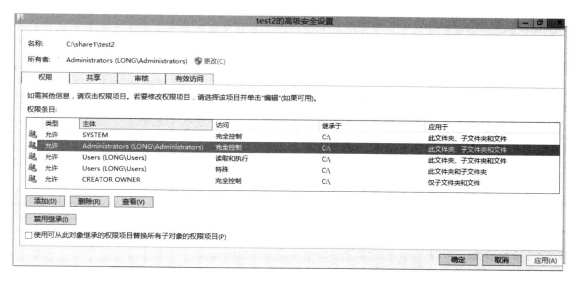

图5-12 "test2 的高级安全设置"对话框

 注意

> 为了在单个 NTFS 磁盘分区之内或者在 NTFS 磁盘分区之间复制文件和文件夹，必须对源文件夹具有"读取"权限，并且对目的地文件夹具有"写入"权限。

2. 移动文件和文件夹

当移动某个文件或者文件夹的位置时，这些文件或者文件夹的权限可能发生的变化主要依赖于目的地文件夹的权限情况。移动文件或者文件夹对 NTFS 权限产生下述效果：

当在单个 NTFS 磁盘分区内移动文件夹或者文件时，该文件夹或者文件保留原来的权限。

当在 NTFS 磁盘分区之间移动文件夹或者文件时，该文件夹或者文件将继承目的地文件夹的权限。在 NTFS 磁盘分区之间移动文件夹或者文件，实际是将文件夹或者文件复制到新的位置，然后从原来的位置删除它们。

 注意

> 为了在单个 NTFS 磁盘分区之内或者多个 NTFS 磁盘分区之间移动文件和文件夹，必须对目的地文件夹具有"写入"权限，并且对于源文件夹具有"修改"权限。之所以要求具有"修改"权限，是因为移动文件或者文件夹时，在将文件或者文件夹复制到目的地文件夹之后，将从源文件夹中删除该文件或者文件夹。

任务 5 – 7 利用 NTFS 权限管理数据

在 NTFS 磁盘分区中，系统会自动设置默认的权限，并且这些权限会被其子文件夹和文件所继承。为了控制用户对某个文件夹以及该文件夹中的文件和子文件夹的访问，就需指定文件夹权限。不过，要设置文件或文件夹的权限，必须是 Administrators 组的成员、文件或者文件夹的拥有者、具有"完全控制"权限的用户。

1. 授予标准 NTFS 权限

授予标准 NTFS 权限包括授予 NTFS 文件夹权限和 NTFS 文件权限。

1）授予 NTFS 文件夹权限

STEP 1 打开 Windows 资源管理器对话框，用鼠标右键单击要设置权限的文件夹，如"network"，在弹出的快捷菜单中选择"属性"选项，打开"network 属性"对话框，选择"安全"选项卡，如图 5 – 13 所示。

STEP 2 默认已经有一些权限设置，这些设置是从父文件夹（或磁盘）继承来的。例如，在该对话框的"Administrators 的权限"列表框中，带灰色阴影对钩的权限就是继承的权限。

STEP 3 如果要给其他用户指派权限，可单击"编辑"按钮，出现图 5 – 14 所示的"network 的权限"对话框。

图 5 – 13　"network 属性"对话框

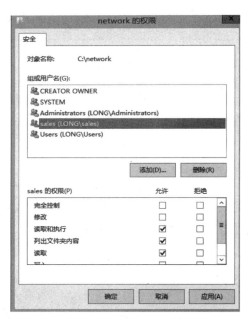

图 5 – 14　"network 的权限"对话框

STEP 4 单击"添加"→"高级"→"立即查找"按钮，从本地计算机上添加拥有对该文件夹访问和控制权限的用户或用户组，如图 5 – 15 所示。

图 5 – 15　"选择用户、计算机、服务账户或组"对话框

STEP 5　选择后单击"确定"按钮，拥有对该文件夹访问和控制权限的用户或用户组就被添加到"组或用户名"列表框中，如图 5 – 14 所示。由于新添加用户 sales 的权限不是从父项继承的，因此其所有的权限都可以被修改。

STEP 6　如果不想继承上一层的权限，可参照任务 5 – 5 的内容进行修改。这里不再赘述。

2）授予 NTFS 文件权限

NTFS 文件权限的设置与 NTFS 文件夹权限的设置类似。要想对 NTFS 文件指派权限，直接在 NTFS 文件上单击鼠标右键，在弹出的快捷菜单中选择"属性"选项，再选择"安全"选项卡，可为该 NTFS 文件设置相应权限。

2. 授予 NTFS 特殊访问权限

标准的 NTFS 权限通常能提供足够的功能，用以控制对用户的资源的访问，以保护用户的资源。如果需要更为特殊的访问级别，可以使用 NTFS 特殊访问权限。

在文件或文件夹属性对话框的"安全"选项卡（以"network"文件夹为例）中，单击"高级"→"权限"按钮，打开"network 的高级安全设置"对话框，选中"sales"用户项，如图 5 – 16 所示。

单击"编辑"按钮，打开图 5 – 17 所示的"network 的权限项目"对话框，可以更精确地设置用户 sales 的权限。"显示基本权限"和"显示高级权限"单击后交替出现。

有 14 项 NTFS 特殊访问权限，把它们组合在一起就构成了标准 NTFS 权限。例如，标准的"读取"权限包含"列出文件夹/读取数据""读取属性""读取权限"及"读取扩展属性"等特殊访问权限。

Windows Server 2012配置与管理项目教程

图 5 – 16   "network 的高级安全设置"对话框

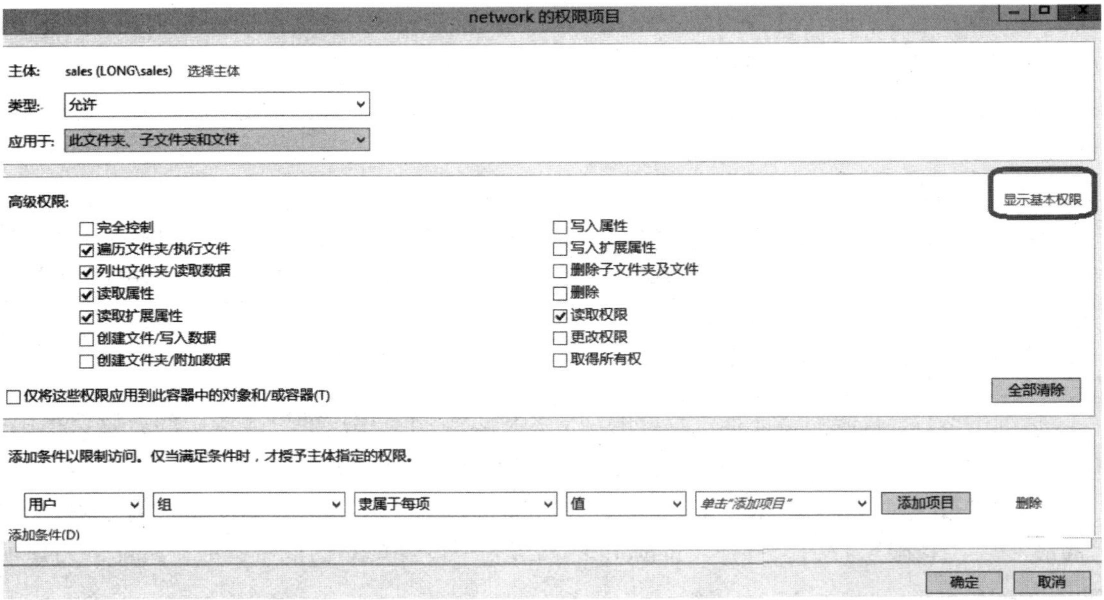

图 5 – 17   "network 的权限项目"对话框

以下两个特殊访问权限对于管理文件和文件夹的访问来说特别有用。

1）更改权限

如果为某用户授予这一权限，该用户就具有了针对文件或者文件夹修改权限的能力。

可以将针对某个文件或者文件夹修改权限的能力授予其他管理员和用户，但是不授予他

- 132 -

们对该文件或者文件夹的"完全控制"权限。通过这种方式，这些管理员或者用户不能删除或者写入该文件或者文件夹，但是可以为该文件或者文件夹授权。

为了将修改权限的能力授予管理员，将针对该文件或者文件夹的"更改权限"授予 Administrators 组即可。

2）取得所有权

如果为某用户授予这一权限，该用户就具有了取得文件和文件夹的所有权的能力。

可以将文件和文件夹的拥有权从一个用户账户或者组转移到另一个用户账户或者组，也可以将所有权给予某个人。作为管理员，也可以取得某个文件或者文件夹的所有权。

对于取得某个文件或者文件夹的所有权来说，需要应用下述规则：

（1）当前的拥有者或者具有"完全控制"权限的任何用户，可以将"完全控制"这一标准权限或者"取得所有权"这一特殊访问权限授予另一个用户账户或者组。这样，该用户账户或者组的成员就能取得所有权。

（2）Administrators 组的成员可以取得某个文件或者文件夹的所有权，而不管为该文件夹或者文件授予了怎样的权限。如果某个管理员取得了所有权，则 Administrators 组也取得了所有权。因此，Administrators 组的任何成员都可以修改针对该文件或者文件夹的权限，并且可以将"取得所有权"这一权限授予另一个用户账户或者组。例如，如果某个雇员离开了原来的公司，某个管理员即可取得该雇员的文件的所有权，将"取得所有权"这一权限授予另一个雇员，然后这一雇员就取得了前一雇员的文件的所有权。

提　示

为了成为某个文件或者文件夹的拥有者，具有"取得所有权"这一权限的某个用户或者组的成员必须明确地获得该文件或者文件夹的所有权。不能自动将某个文件或者文件夹的所有权授予任何一个人。文件的拥有者、Administrators 组的成员，或者任何一个具有"完全控制"权限的人都可以将"取得所有权"这一权限授予某个用户账户或者组，这样就使其获得了所有权。

5.4　习题

一、填空题

1. 可供设置的标准 NTFS 文件权限有_____、_____、_____、_____、_____、_____。

2. Windows Server 2012 R2 系统通过在 NTFS 文件系统下设置_____，限制不同用户对文件的访问级别。

3. 相对于以前的 FAT、FAT32 文件系统来说，NTFS 文件系统的优点包括可以对文件设置_____、_____、_____、_____。

4. 创建共享文件夹的用户必须是属于_____、_____、_____等用户组的成员。

Windows Server 2012配置与管理项目教程

5. 在网络中可共享的资源有_____和_____。

6. 要设置隐藏共享，需要在共享名的后面加_____符号。

7. 共享权限分为_____、_____和_____3种。

二、判断题

1. 在 NTFS 文件系统下，可以对文件设置权限，而 FAT 和 FAT32 文件系统只能对文件夹设置共享权限，不能对文件设置共享权限。　　　　　　　　　　　（　　）

2. 通常在管理系统中的文件时，要由管理员给不同用户设置访问权限，普通用户不能设置或更改权限。　　　　　　　　　　　　　　　　　　　　　　　（　　）

3. 磁盘配额的设置不能限制管理员账户。　　　　　　　　　　　　　　（　　）

三、简答题

1. 简述 FAT、FAT32 和 NTFS 文件系统的区别。

2. NTFS 特殊权限与 NTFS 标准权限的区别是什么？

3. 如果一位用户拥有某文件夹的"写入"权限，而且还是该文件夹"读取"权限的成员，那么该用户对该文件夹的最终权限是什么？

4. 如果某员工离开公司，怎样将他（她）的文件所有权转给其他员工？

5. 如果一位用户拥有某文件夹的"写入"权限和"读取"权限，但被拒绝赋予对该文件夹内某文件的"写入"权限，该用户对该文件的最终权限是什么？

5.5　实训项目　管理文件系统与共享资源

1. 实训目的

（1）掌握设置共享资源和访问共享资源的方法。

（2）掌握卷影副本的使用方法。

（3）掌握使用 NTFS 文件系统控制资源访问的方法。

2. 项目背景

本实训项目的网络拓扑如图 5 – 18 所示。

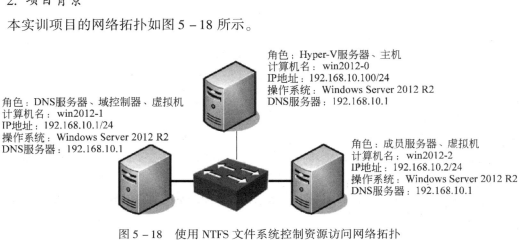

图 5 – 18　使用 NTFS 文件系统控制资源访问网络拓扑

- 134 -

3. 项目要求

完成以下各项任务：

（1）在 win2012 – 1 上设置共享资源："test" 文件夹。

（2）在 win2012 – 2 上使用多种方式访问网络共享资源。

（3）在 win2012 – 1 上设置卷影副本，在 win2012 – 2 上使用卷影副本。

（4）观察共享文件夹权限与 NTFS 权限组合后的最终权限。

（5）设置 NTFS 权限的继承性。

（6）观察复制和移动文件夹后 NTFS 权限的变化情况。

（7）利用 NTFS 权限管理数据。

4. 做一做

根据实训项目录像进行项目的实训，检查学习效果。

项目 6

配置远程桌面连接

项目背景

远程桌面连接就是在远程连接另外一台计算机。当某台计算机开启了远程桌面连接功能后就可以在网络的另一端控制这台计算机了，通过远程桌面连接可以实时地操作这台计算机——安装软件、运行程序，像直接在该计算机上操作一样。系统管理员可以通过远程桌面连接来管理远程计算机与网络，一般用户也可以通过它使用远程计算机。

学习要点

（1）了解远程桌面连接；
（2）掌握常规远程桌面连接的方法；
（3）掌握远程桌面连接的高级设置；
（4）远程桌面 Web 连接的方法。

6.1　相关知识

Windows Server 2012 R2 通过对远程桌面协议（Remote Desktop Protocol）的支持与远程桌面连接（Remote Desktop Connection）技术，让用户坐在一台计算机前就可以连接到位于不同地点的其他远程计算机。举例来说（见图 6-1），当用户离开公司时，可以让办公室计算机中的程序继续运行（不要关机），回家后利用家中的计算机通过 Internet 连接办公室计算机，此时用户将接管办公室计算机的工作环境，也就是办公室计算机的桌面会显示在家中

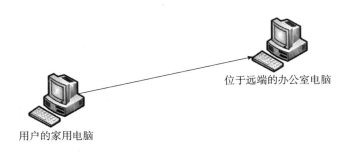

位于远端的办公室电脑

用户的家用电脑

图 6-1　远程桌面连接示意

计算机的屏幕上,然后就可以继续办公室计算机上的工作,例如运行办公室计算机内的应用程序、使用网络资源等,就好像坐在这台办公室计算机前一样。

对系统管理员来说,可以利用远程桌面连接来连接远程计算机,然后通过此计算机管理远程网络。除此之外,Windows Server 2012 R2 还支持远程桌面 Web 访问(Remote Desktop Web Access),它让用户可以通过 Web 浏览器连接远程计算机。

6.2 项目设计及准备

通过图 6-2 所示的域环境练习远程桌面连接,先将两台本地计算机准备好,并设置好 TCP/IPv4 的值(远程计算机是非域控制器)。

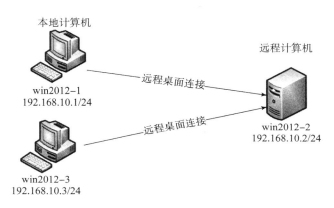

图 6-2 远程桌面连接网络拓扑

6.3 项目实施

任务 6-1 设置远程计算机

设置远程计算机

必须在远程计算机上启用远程桌面,并且赋予用户远程桌面连接的权限,用户才可以利用远程桌面进行连接。

1. 启用远程桌面

STEP 1 在远程计算机 win2012-2 上,选择"开始"→"控制面板"→"系统和安全"→"系统"→"高级系统设置"选项,在图 6-3 所示"系统属性"对话框的"远程"选项卡中选择"允许远程连接到此计算机"选项。

(1)不允许远程连接到此计算机:禁止通过远程桌面进行连接,这是默认选项。

(2)允许远程连接到此计算机:如果同时勾选"仅允许运行使用网络级别身份验证的远程桌面的计算机连接(建议)"复选框,则用户的远程桌面连接必须支持网络级别身份验证

图6-3 "系统属性"对话框

（Network Level Authentication，NLA），才可以连接。网络级别身份验证比较安全，可以避免黑客或恶意软件的攻击。Windows Vista（含）以后版本的远程桌面连接都是使用网络级别身份验证。

STEP 2 系统弹出图6-4所示的对话框，提醒用户系统会自动在Windows防火墙内例外开放远程桌面协议，单击"确定"按钮。

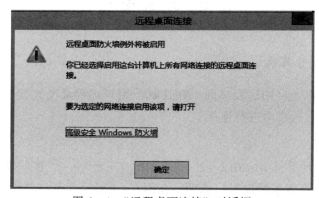

图6-4 "远程桌面连接"对话框

特别注意：一定要确定例外开放了远程桌面协议，除非关闭了所有防火墙。可以打开"开始"→"控制面板"→"系统和安全"→"Windows防火墙"→"允许应用通过Windows防火墙进行通信"窗口，以查看远程桌面连接是否已例外开放，如图6-5所示。注意"专用"和"公用"列都要勾选。

图6-5 例外开放了远程桌面连接

2. 在win2012-2上赋予用户通过远程桌面连接的权限

STEP 1 要让用户可以在win2012-2上利用远程桌面连接操作远程计算机，该用户必须在远程计算机上拥有允许通过远程桌面服务登录的权限，而非域控制器的计算机默认已经开放此权限给Administrators组与Remote Desktop Users组，可以通过以下方法查看此设置：选择"开始"→"管理工具"→"本地安全策略"→"本地策略"→"用户权限分配"选项，如图6-6所示。

图6-6 允许通过远程桌面服务登录的用户组

注意

对于域控制器，此权限默认仅开放给Administrators组。

STEP 2 如果要使其他用户也能利用远程桌面连接操作此远程计算机，在此远程计算机上通过上述界面赋予该用户"允许通过远程桌面服务登录"权限即可。

STEP 3 还可以利用将用户加入远程计算机的Remote Desktop Users组的方式，让用户拥有此权限，其方法有以下两种：

（1）直接利用本地用户和组将用户加入 Remote Desktop Users 组。

（2）单击如图6-3所示对话框右下方的"选择用户"按钮，通过单击图6-7所示对话框的"添加"按钮选择用户，该用户会被加入 Remote Desktop Users 组。请在 win2012-2 上利用"计算机管理"对话框增加两个用户——rose 和 mike，并将其添加到 Remote Desktop Users 组。

由于域控制器默认并没有赋予 Remote Desktop Users 组"允许通过远程桌面服务登录"权限，因此如果将用户加入 Remote Desktop Users 组，则还需要将权限赋予此组，用户才可以远程连接域控制器。

STEP 4 如果要将此权限赋予 Remote Desktop Users 组（与 Administrators 组），则在域控制器中选择"开始"→"管理工具"→"组策略管理"选项展开到组织单位"Domain Controllers"，选择"Default Domain Controllers Policy"并单击鼠标右键，选择"编辑"→"计算机配置"→"策略"→"Windows 设置"→"安全设置"→"本地策略"→"用户权限分配"选项，将"允许通过远程桌面服务登录"权限赋予 Remote Desktop Users 组（与 Administrators 组）。

注意

虽然在本地安全策略内已经将此权限赋予 Administrators 组，但是一旦通过域组策略设置后，原来在本地安全策略内的设置就无效了，因此此处仍然需要将权限赋予 Administrators 组。

任务6-2 在本地计算机利用远程桌面连接远程计算机

最大连接数测试

Windows XP（含）以上的操作系统都包含远程桌面连接，其执行方法如下：

（1）Windows Server 2012 R2、Windows 8：选择"开始"菜单，单击向下箭头，展开所有应用，选择"Windows 附件"下的"远程桌面连接"。

（2）Windows Server 2008（R2）、Windows 7、Windows Vista：选择"开始"→"所有程序"→"附件"→"远程桌面连接"。

（3）Windows Server 2003（R2）、Windows XP：选择"开始"→"所有程序"→"附件"→"通信"→"远程桌面连接"。

1. 连接远程计算机

本任务中本地计算机运行 Windows Server 2012 R2，其连接远程计算机的步骤如下：

STEP 1 在本地计算机 win2012-1 上，选择"开始"菜单，单击向下箭头，展开所有应用，选择"Windows 附件"下的"远程桌面连接"。

STEP 2 如图6-8所示，输入远程计算机 win2012-2 的 IP 地址（或 DNS 主机名、计算机名）后单击"连接"按钮。

图6-7 "远程桌面用户"对话框　　　　图6-8 "远程桌面连接"对话框

STEP 3 如图6-9所示，输入远程计算机内具备远程桌面连接权限的用户账户（例如Administrator）的名称与密码。

STEP 4 如果出现图6-10所示的界面，暂时不必理会，直接单击"是（Y）"按钮。

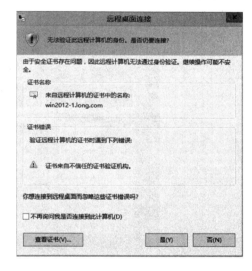

图6-9 "Windows安全"对话框　　　　图6-10 远程桌面连接验证

STEP 5 图6-11所示为完成连接后的界面，此全屏界面显示的是远程Windows Server 2012 R2计算机的桌面，由图中最上方中间的小区块可知所连接的远程计算机的IP地址为192.168.10.2。

 注意

如果此用户账户（本任务中是Administrator）已经通过其他远程桌面连接连上这台远程计算机（包含在远程计算机上进行本地登录），则这个用户的工作环境会被本次的连接接管，同时也会被退出到按"Ctrl + Alt + Delete"组合键登录的窗口。

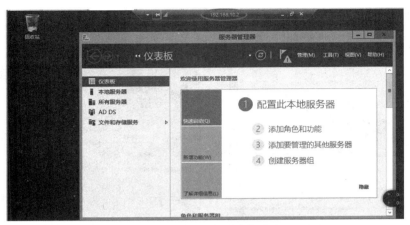

图 6 – 11　远程桌面连接成功

STEP 6　如果单击图 6 – 11 所示界面最上方中间小区块的缩小窗口符号，就会看到图 6 – 12 所示的窗口界面，图中背景为本地计算机的 Windows Server 2012 R2 桌面，中间窗口为远程计算机的 Windows Server 2012 R2 桌面。如果要在全屏幕与窗口界面之间切换，可以按"Ctrl + Alt + Pause"组合键。如果要针对远程计算机来使用"Alt + Tab"等组合键，默认必须在全屏模式下。

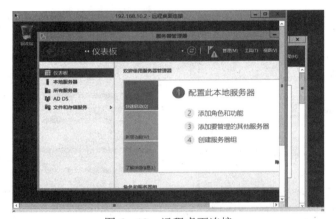

图 6 – 12　远程桌面连接

注意

（1）远程桌面连接使用的连接端口号码为 3389，如果要更改，则在远程计算机上执行"regedit. exe"程序，然后更改以下路径的数值：

HKEY_LOCAL_MACHINE\System\CurrentControlSet\ControI\Terminal Server\WinStations\RDP – Tcp\PortNumber

（2）完成后重新启动远程计算机，另外还要在远程计算机的 Windows 防火墙内开放此新的连接端口。客户端计算机在连接远程计算机时，必须添加新的连接端口号（假设为 3340），例如 192.168.10.1：33400。

2. 注销或中断连接

如果要结束与远程计算机的连接，可以采用以下两种方法：

（1）注销：注销后，在远程计算机上执行的程序会被结束。注销方法为按"Ctrl + Alt + End"组合键（不是 Del 键），然后单击"注销"按。

（2）中断：中断连接并不会结束正在远程计算机内运行的程序，它们仍然会在远程计算机内继续运行，而且桌面环境也会被保留，下一次即使从另一台计算机重新连接远程计算机，还是能够继续拥有之前的环境。只要单击远程桌面窗口上方的"×"符号，就可以中断与远程计算机之间的连接。

3. 最大连接数测试

一台 Windows Server 2012 R2 计算机最多仅允许两个用户连接（包含本地登录者），而 Windows 8 等客户端计算机则仅支持一个用户连接。

> **注意**
>
> 如果想让 Windows Server 2012 R2 支持更多连接数，则安装远程桌面服务角色并取得合法授权数量。

远程桌面连接的最大连接数测试网络拓扑如图 6 – 2 所示。

STEP 1 以 Administrator 账户登录 win2012 – 2，前面已经添加本地用户 rose 和 mike，并且隶属于 Remote Desk Users 组。

STEP 2 在 win2012 – 1 上使用远程桌面连接连接计算机 win2012 – 2，远程用户是 rose。

STEP 3 在 win2012 – 3 上使用远程桌面连接连接计算机 win2012 – 2，远程用户是 mike。由于计算机 win2012 – 2 的连接数量已经被其他用户账户占用，则系统会显示已经连接的用户名，必须从中选择一个账户将其中断后才可以连接，不过需要经过该用户的同意才可以将其中断，如图 6 – 13 所示。

图 6 – 13   选择要中断连接的用户

STEP 3 单击"win2012 – 2\rose"，将该连接中断。

STEP 4 在 win2012 – 1 上显示图 6 – 14 所示的界面，单击"确定"按钮后，win2012 – 3 上的用户 mike 的远程桌面连接就可以建立了。

图 6 – 14   询问是否中断连接

任务6-3 远程桌面连接的高级设置

远程桌面连接的用户在单击图6-15中的"显示选项"按钮后，就可以进一步设置远程桌面连接（以下利用 Windows Server 2012 R2 的界面进行说明）。

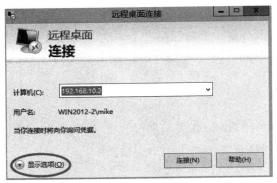

远程桌面连接的
高级设置

图6-15 "显示选项"按钮

1. 常规

在图6-16所示的对话框中，可以事先设置好要连接的远程计算机、用户名等数据，也可以将这些连接设置存盘（扩展名为".RDP"），以后只要单击此RDP文件，就可以自动利用此账户连接远程计算机。

2. 显示

在图6-17所示的"显示"选项卡中，可调整远程桌面窗口的显示分辨率、颜色质量等。最下方的选项"全屏显示时显示连接栏"中的"连接栏"就是远程桌面窗口最上方中间的小区块（见图6-11）。

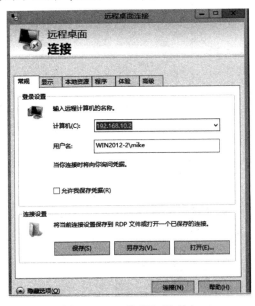

图6-16 "常规"选项卡

图6-17 "显示"选项卡

3．本地资源

在图 6 – 18 所示的"本地资源"选项卡中可以设置如下选项：

（1）远程音频：设置是否要将远程计算机播放的音频送到本地计算机来播放或者留在远程计算机播放，还是都不要播放。还可以设置是否录制远程音频。

（2）键盘：设置当按组合键时，例如"Alt + Tab"建，是要操控本地计算机还是远程计算机，或者仅在全屏显示时才操控远程计算机。

（3）本地设备和资源：可以将本地设备显示在远程桌面的窗口内，以便在此窗口内访问本地设备和资源，例如将远程计算机内的文件通过本地打印机进行打印。

单击"详细信息"按钮则显示图 6 – 19 所示的界面。在此可设置访问本地计算机的驱动器、即插即用设备（例如 U 盘）等。

图 6 – 18 "本地资源"选项卡　　　　图 6 – 19 本地设备和资源详细信息

例如，图 6 – 20 中的本地计算机为 win2012 – 3，其磁盘 C、D 都出现在远程桌面的窗口内，因此可以在此窗口内同时访问远程计算机与本地计算机内的文件资源，例如相互复制文件。

4．程序

在图 6 – 21 所示的"程序"选项卡中可设置用户登录完成后自动运行的程序。需要设置程序所在的路径与程序名，还可以指定在哪个文件夹内运行此程序，也就是指定工作目录。

5．体验

在图 6 – 22 所示的"体验"选项卡中可根据本地计算机与远程计算机之间连接的速度调整其显示效率，例如连接速度如果比较慢，可以设置不显示桌面背景、不显示字体平滑等任务，以便节省显示处理时间、提高显示效率。

图 6 – 20   本地计算机 win2012 – 3 的磁盘 C、D

图 6 – 21   "程序"选项卡

6. 高级

系统可以帮助用户验证是否连接到正确的远程计算机（服务器），以增强连接的安全性。在图 6 – 23 所示的"高级"选项卡中，可选择服务器验证失败的处理方式。

（1）连接并且不显示警告：如果远程计算机是 Windows Server 2003 SP1 或更旧版本，可以选择此选项，因为这些系统并不支持验证功能。

（2）显示警告：此时会显示警告界面，由用户自行决定是否继续连接。

（3）不连接。

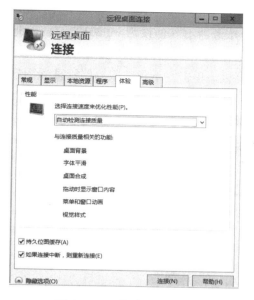

图6-22 "体验"选项卡

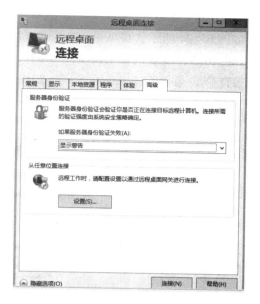

图6-23 "高级"选项卡

任务6-4 远程桌面 Web 连接

可以利用 Web 浏览器搭配远程桌面技术连接远程计算机，这个功能被称为远程桌面 Web 连接（Remote Desktop Web Connection）。要享有此功能，如图6-24所示，先在网络上的一台 Windows Server 2012 R2 计算机内安装远程桌面 Web 访问网站与 Web 服务器（IIS 网站），客户端计算机利用网页浏览器连接到远程桌面 Web 访问网站后，再通过此网站连接远程计算机。

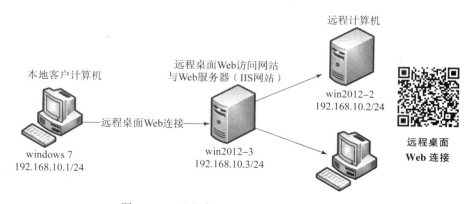

图6-24 远程桌面 Web 连接

技巧：可以直接同时将远程桌面 Web 访问网站与 Web 服务器（IIS 网站）安装在被连接的远程计算机上。

1. 远程桌面 Web 访问网站的设置

如图 6 – 24 所示，在 Windows Server 2012 R2 服务器上（假设为 win2012 – 3，IP 地址为 192. 168. 10. 3）安装远程桌面 Web 访问网站。

STEP 1 在这台 Windows Server 2012 R2 计算机上单击左下角的服务器管理器图标，选择"添加角色和功能"命令，持续单击"下一步"按钮，直到出现图 6 – 25 所示界面时勾选"远程桌面服务"复选框后单击"下一步"按钮。

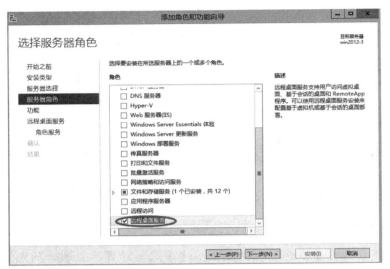

图 6 – 25　勾选"远程桌面服务"复选框

STEP 2 持续单击"下一步"按钮，直到出现图 6 – 26 所示界面时勾选"远程桌面 Web 访问"复选框。在"添加角色和功能向导"对话框中单击"添加功能"按钮来安装所需的其他功能（如 Web 服务器）。

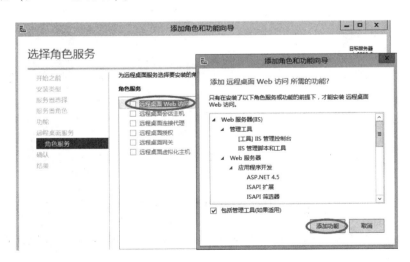

图 6 – 26　勾选"远程桌面 Web 访问"复选框

STEP 3 持续单击"下一步"按钮，最后单击"安装"按钮。

2. 客户端计算机通过浏览器连接远程计算机

客户端计算机利用网页浏览器来连接远程桌面 Web 访问网站，然后通过此网站连接远程计算机。不过，客户端计算机的远程桌面连接必须支持 Remote Desktop Protocol 6.1（含）以上，Windows XP SP3/Windows Vista SP1/Windows 7/Windows 8、Windows Server 2008（R2）/Windows Server 2012 R2 计算机都符合此条件。

下面假设远程桌面 Web 访问网站的 IP 地址为 192.168.10.3（win2012-3），所要连接的远程计算机的 IP 地址为 192.168.10.2（win2012-2），客户端计算机操作系统为 Windows 7。

STEP 1 登录客户端计算机。

STEP 2 打开网页浏览器（此处以传统桌面的 Internet Explorer 为例），如图 6-27 所示，输入 URL 网址"https：//192.168.10.3/RDweb/"（必须采用 https）。出现网站的安全证书有问题的警告时可以不必理会，直接单击"继续浏览此网站（不推荐）"链接。

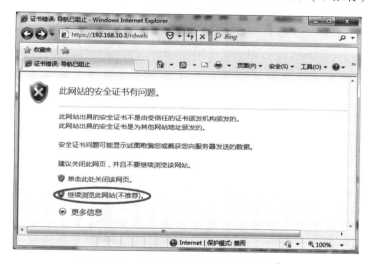

图 6-27　网站的安全证书有问题的警告

STEP 3 出现图 6-28 所示的界面，选择"运行加载项"命令，则运行"Microsoft Remote Desktop Services Web Access Control"附加组件。

STEP 4 如图 6-29 所示，输入有权限连接此 IIS 网站的账户名与密码后单击"登录"按钮。图中账户为 win2012-3\administrator，其中 win2012-3 为 IIS 网站的计算机名；如果要利用域用户账户连接此网站，则将计算机名改为域名，例如"long\administrator"。

 注意

　　这里的账户名和密码是有权限连接 IIS 网站的账户的名称和密码，也就是能够登录 win2012-3 这台计算机网站的账户的名称和密码，而不是连接远程桌面的账户的名称和密码。

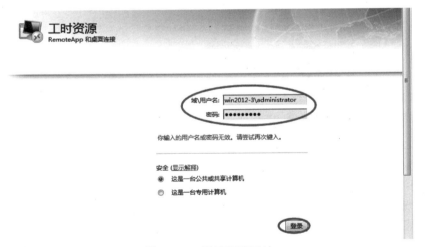

图 6-28　允许运行组件

图 6-29　登录远程网站

STEP 5 单击图 6-30 所示的"连接到远程电脑"标签，输入远程计算机的 IP 地址（或计算机名，或 DNS 主机名），单击"连接"按钮。

STEP 6 如图 6-31 所示，直接单击"连接"按钮。

STEP 7 如图 6-32 所示，输入有权限连接远程计算机的账户的名称与密码，比如前面的账户 mike。

STEP 8 可以不理会图 6-33 所示的警告，直接单击"是"按钮。

输入要连接到的远程计算机的名称,然后指定选项并单击"连接"。

连接选项

图 6-30 "连接到远程电脑"标签

图 6-31 单击"连接"按钮

图 6-32 输入账户名和密码

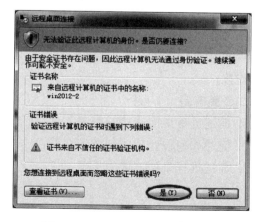

图 6-33 远程连接证书问题警告

STEP 9 图 6 – 34 所示为完成连接后的界面。

图 6 – 34　完成连接后的界面

6.4　习题

一、填空题

1. Windows Server 2012 R2 通过对_____的支持与_____技术，让用户坐在一台计算机前就可以连接到位于不同地点的其他远程计算机。

2. 对系统管理员来说，可以利用_____来连接远程计算机，然后通过此计算机管理远程网络。除此之外，Windows Server 2012 R2 还支持_____，它让用户可以通过 Web 浏览器与连接远程计算机。

3. 利用 Web 浏览器搭配远程桌面技术来连接远程计算机，这个功能被称为_____。

4. 要享有远程桌面 Web 连接功能，必须安装_____与_____，客户端计算机利用网页浏览器连接到_____网站后，再通过此网站连接远程计算机。

5. 必须在远程计算机上启用_____，并且_____，用户才可以进行远程桌面连接。

二、简答题

1. 简述远程桌面连接的概念。

2. 简述如何设置"本地资源"选项卡。

3. 简述远程桌面连接的步骤。

6.5　实训项目 远程桌面 Web 连接

如图 6 – 24 所示，在网络上的一台 Windows Server 2012 R2 计算机内安装远程桌面 Web

访问网站与 Web 服务器（IIS 网站），客户端计算机利用网页浏览器连接到远程桌面 Web 访问网站后，再通过此网站连接远程计算机。

完成如下任务：

（1）远程桌面 Web 访问网站的设置

（2）客户端计算机通过网页浏览器连接远程计算机

第 3 篇
常用网络服务

工欲善其事，必先利其器。

——孔子《论语·魏灵公》

项目 7

配置与管理 DNS 服务器

项目背景

众所周知，在网络中唯一能够用来标识计算机身份和定位计算机位置的就是 IP 地址，但当访问网络上的许多服务器，如邮件服务器、Web 服务器、FTP 服务器时，记忆这些纯数字的 IP 地址容易出错。而借助 DNS 服务，可将 IP 地址与形象易记的域名一一对应起来，使用户在访问服务器或网站时不使用 IP 地址，而使用简单易记的域名，通过 DNS 服务器将域名自动解析成 IP 地址并定位服务器，就可以解决易记与寻址不能兼顾的问题了。

学习要点

（1）了解 DNS 服务器的作用及其在网络中的重要性；
（2）理解 DNS 的域名空间结构及其工作过程；
（3）理解并掌握主 DNS 服务器的部署；
（4）理解并掌握 DNS 客户机的部署；
（5）掌握 DNS 服务器的测试以及动态更新。

7.1 相关知识

在 TCP/IP 网络中，每个设备必须分配一个唯一的地址。计算机在网络中通信时只能识别如 202.97.135.160 之类的数字地址，而人们在使用网络资源的时候，为了便于记忆和理解，更倾向于使用有代表意义的名称，如域名 www.yahoo.com（雅虎网站）。

DNS（Domain Name System）服务器具有将域名转换成 IP 地址的功能。这就是在浏览器地址栏中输入域名后能看到相应页面的原因。输入域名后，DNS 服务器自动把域名"翻译"成相应的 IP 地址。

DNS 服务的目的是为客户机对域名的查询（如 www.yahoo.com）提供该域名的 IP 地址，以便用户用易记的名字搜索和访问必须通过 IP 地址才能定位的本地网络或 Internet 上的资源。

DNS 服务使网络服务的访问更加简单，对于网站的推广发布起到极其重要的作用。许多重要的网络服务（如 E-mail 服务、Web 服务）的实现，也需要借助 DNS 服务。因此，

DNS服务可视为网络服务的基础。另外，在稍具规模的局域网中，DNS服务也被大量采用，因为DNS服务不仅可以使网络服务的访问更加简单，而且可以完美地实现与Internet的融合。

7.1.1 域名空间结构

DNS的核心思想是分级，它是一种分布式的、分层次的、客户机/服务器式的数据库管理系统，主要用于将主机名或电子邮件地址映射成IP地址。一般来说，每个组织有自己的DNS服务器，用来维护域名映射数据库记录或资源记录。每个登记的域都将自己的数据库列表提供给整个网络复制。

目前负责管理全世界IP地址的单位是InterNIC（Internet Network Information Center），在InterNIC之下的DNS结构共分为若干个域（Domain）。图7-1所示的阶层式树状结构，称为域名空间（Domain Name Space）。

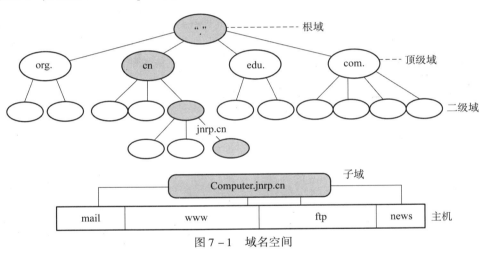

图7-1　域名空间

> **注意**
>
> 域名和主机名只能用字母a~z（在Windows服务器中大、小写等效，而在UNIX中则不同）、数字0~9和连线"－"组成。其他公共字符，如连接符"&"、斜杠"/"、句点"."和下划线"_"都不能用于表示域名和主机名。

1. 根域

在图7-1中，位于层次结构最高端的是域名树的根，提供根域名服务，用"."表示。在Internet中，根域是默认的，一般不需要表示出来。全世界共有13台根域服务器，它们分布于世界各大洲，并由InterNIC管理。根域服务器中并没有保存任何网址，只具有初始指针指向第一层域，也就是顶级域，如com、edu、net等。

2. 顶级域

顶级域位于根域之下，数目有限，且不能轻易变动。顶级域也由 InterNIC 统一管理。在互联网中，顶级域大致分为两类：各种组织的顶级域（机构域）和各个国家地区的顶级域（地理域）。顶级域所包含的部分域名见表 7-1。

表 7-1 顶级域所包含的部分域名

域　名	说　　明
.com	商业机构
.edu	教育、学术研究单位
.gov	官方政府单位
.net	网络服务机构
.org	财团法人等非营利机构
.mil	军事部门
其他国家或地区代码	代表其他国家/地区的代码，如 cn 表示中国，jp 表示日本

3. 子域

在 DNS 中，除了根域和顶级域之外，其他域都称为子域。子域是有上级域的域，一个域可以有多个子域。子域是相对而言的，如在 www.jnrp.edu.cn 中，jnrp.edu 是 cn 的子域，jnrp 是 edu.cn 的子域。表 7-2 中给出了域名层次结构中的若干层。

表 7-2 域名层次结构中的若干层

域　名	域名层次结构中的位置
.	根是唯一没有名称的域
.cn	顶级域名，中国子域
.edu.cn	二级域名，中国的教育部门
.jnrp.edu.cn	子域名，教育网中的济南铁道职业技术学院

和根域相比，顶级域实际是处于第二层的域，但它还是被称为顶级域。根域从技术的含义上讲是一个域，但常常不被当作一个域。根域只有很少几个根级成员，它们的存在只是为了支持域名树的存在。

第二层域（顶级域）是属于单位团体或地区的，用域名的最后一部分即域后缀来分类。例如，域名 edu.cn 代表中国的教育系统。多数域后缀可以反映使用这个域名所代表的组织的性质，但并不总是很容易通过域后缀来确定其所代表的组织、单位的性质。

4. 主机

在域名层次结构中，主机可以存在于根域以下的各层上。因为域名树是层次型的而不是平面型的，因此只要求主机名在每一连续的域名空间中是唯一的，而在相同层中可以有相同的名字。如 www.163.com、www.263.com 和 www.sohu.com 都是有效的主机名。也就是说，即使这些主机有相同的名字 www, 也都可以被正确地解析到唯一的主机, 即只要在不同的子域中就可以重名。

7.1.2　DNS 名称的解析方法

DNS 名称的解析方法主要有两种, 一种是通过 hosts 文件进行解析, 另一种是通过 DNS 服务器进行解析。

1. hosts 文件

通过 hosts 文件解析只是 Internet 中最初使用的一种解析方式。通过 hosts 文件进行解析时, 必须由人工输入、删除、修改所有 DNS 名称与 IP 地址的对应数据, 即把全世界所有的 DNS 名称写在一个文件中, 并将该文件存储到解析服务器上。客户端如果需要解析名称, 就到解析服务器上查询 hosts 文件。全世界所有的解析服务器上的 hosts 文件都需保持一致。当网络规模较小时, hosts 文件解析还是可以采用的。当网络越来越大时, 为保持网络中所有服务器中 hosts 文件的一致性, 就需要大量的管理和维护工作。在大型网络中, 这是一个沉重的负担, 此种方法显然是不适用的。

在 Windows Server 2012 R2 中, hosts 文件位于 "% systemroot% \system32\drivers\etc" 目录中, 本项目中为 "C:\windows\system32\drivers\etc"。该文件是一个纯文本文件, 如图 7 - 2 所示。

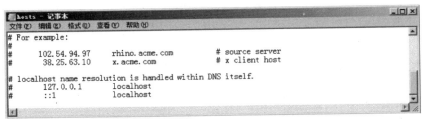

图 7 - 2　Windows Server 2012 R2 中的 hosts 文件

2. DNS 服务器

DNS 服务器是目前 Internet 上最常用, 也是最便捷的 DNS 名称解析方法。全世界有许多 DNS 服务器, 它们各司其职, 互相呼应, 协同工作, 构成了一个分布式的 DNS 名称解析网络。例如, jnrp. cn 的 DNS 服务器只负责本域内数据的更新, 而其他 DNS 服务器并不知道, 也无须知道 jnrp. cn 域中有哪些主机, 但它们知道 jnrp. cn 的 DNS 服务器的位置; 当需要解析 www. jnrp. cn 时, 它们就会向 jnrp. cn 的 DNS 服务器请求帮助。采用这种分布式解析结构时, 一台 DNS 服务器出现问题并不会影响整个体系, 而数据的更新操作也只在其中的一台或几台 DNS 服务器上进行, 这使整体的解析效率大大提高。

7.1.3　DNS 服务器的类型

DNS 服务器用于实现 DNS 名称和 IP 地址的双向解析。在网络中, 主要有 4 种类型的 DNS 服务器: 主 DNS 服务器 (Primary Name Server)、辅助 DNS 服务器 (Secondary Name

Server)、转发 DNS 服务器（Forwarder Name Server）和唯缓存 DNS 服务器（Caching – only Name Server)。

1. 主 DNS 服务器

主 DNS 服务器是特定 DNS 域所有信息的权威性信息源。它从域管理员构造的本地数据库文件［区域文件（Zone File)］中加载域信息，该文件包含该服务器具有管理权的 DNS 域的最精确信息。

主 DNS 服务器保存着自主生成的区域文件，该文件是可读可写的。当 DNS 域中的信息发生变化时（如添加或删除记录)，这些变化都会保存到主 DNS 服务器的区域文件中。

2. 辅助 DNS 服务器

辅助 DNS 服务器可以从主 DNS 服务器中复制一整套域信息。该服务器的区域文件是从主 DNS 服务器中复制生成的，并作为本地文件存储。这种复制称为"区域传输"。在辅助 DNS 服务器中存有一个域所有信息的完整只读副本，可以对该域的解析请求提供权威的回答。由于辅助 DNS 服务器的区域文件仅是只读副本，因此无法进行更改，所有针对区域文件的更改必须在主 DNS 服务器上进行。在实际应用中，辅助 DNS 服务器主要用于均衡负载和容错。如果主 DNS 服务器出现故障，可以根据需要将辅助 DNS 服务器转换为主 DNS 服务器。

3. 转发 DNS 服务器

转发 DNS 服务器可以向其他 DNS 服务器转发解析请求。当 DNS 服务器收到客户端的解析请求后，它首先会尝试从其本地数据库中查找；若未能找到，则需要向其他指定的 DNS 服务器转发解析请求；其他 DNS 服务器完成解析后会返回解析结果，转发 DNS 服务器将该解析结果缓存在自己的 DNS 缓存中，并向客户端返回解析结果。在缓存期内，如果客户端请求解析相同的名称，则转发 DNS 服务器会立即回应客户端；否则，将会再次发生转发解析的过程。

目前网络中所有的 DNS 服务器均被配置为转发 DNS 服务器，向指定的其他 DNS 服务器或根域服务器转发自己无法完成的解析请求。

4. 唯缓存 DNS 服务器

唯缓存 DNS 服务器可以提供名称解析服务，但其没有任何本地数据库文件。唯缓存 DNS 服务器必须同时是转发 DNS 服务器。它将客户端的解析请求转发给指定的远程 DNS 服务器，从远程 DNS 服务器取得每次解析的结果，并将该结果存储在 DNS 缓存中，以后收到相同的解析请求时就用 DNS 缓存中的结果。所有的 DNS 服务器都按这种方式使用缓存中的信息，但唯缓存服务器则依赖于这一技术实现所有的名称解析。

当刚安装好 DNS 服务器时，它就是一台唯缓存 DNS 服务器。

唯缓存 DNS 服务器并不是权威性的 DNS 服务器，因为它提供的所有信息都是间接信息。

说明

（1）所有的 DNS 服务器均可使用 DNS 缓存机制响应解析请求，以提高解析效率。

（2）可以根据实际需要将上述几种 DNS 服务器结合，进行合理配置。

（3）一些域的主 DNS 服务器可以是另一些域的辅助 DNS 服务器。

（4）一个域只能部署一个主 DNS 服务器，它是该域的权威性信息源；另外至少应该部署一个辅助 DNS 服务器，将作为主 DNS 服务器的备份。

（5）配置唯缓存 DNS 服务器可以减轻主 DNS 服务器和辅助 DNS 服务器的负担，从而减少网络传输。

7.1.4 DNS 名称解析的查询模式

当 DNS 客户端向 DNS 服务器发送解析请求或 DNS 服务器向其他 DNS 服务器转发解析请求时，均需要使用请求其所需的解析结果。目前使用的查询模式主要有递归查询和迭代查询两种。

1. 递归查询

递归查询是最常见的查询方式，DNS 服务器将代替提出请求的客户机（下级 DNS 服务器）进行域名查询。若 DNS 服务器不能直接回答，则 DNS 服务器会在域各树中的各分支的上、下进行递归查询，最终返回查询结果给客户机。在 DNS 服务器查询期间，客户机完全处于等待状态。

2. 迭代查询（又称转寄查询）

当 DNS 服务器收到 DNS 工作站的查询请求后，如果在 DNS 服务器中没有查到所需数据，该 DNS 服务器便会告诉 DNS 工作站另外一台 DNS 服务器的 IP 地址，然后由 DNS 工作站自行向此 DNS 服务器查询，依此类推，直到查到所需数据为止。如果到最后一台 DNS 服务器都没有查到所需数据，则通知 DNS 工作站查询失败。"转寄"的意思就是若在某地查不到，该地就会告诉用户其他地方的地址，让用户转到其他地方去查。一般，DNS 服务器之间的查询请求属于迭代查询（DNS 服务器也可以充当 DNS 工作站的角色），在 DNS 客户端与本地 DNS 服务器之间的查询属于递归查询。

下面以查询 www.163.com 为例介绍迭代查询的过程，如图 7-3 所示。

（1）客户端向本地 DNS 服务器直接查询 www.163.com 的域名。

（2）本地 DNS 服务器无法解析此域名，先向根服务器发出请求，查询.com 的 DNS 地址。

说明

①正确安装 DNS 后，在 DNS 属性中的"根目录提示"选项卡中，系统显示了包含在解析名称中为要使用和参考的服务器所建议的根服务器的根提示列表，默认共有 13 个。

②目前全球共有 13 个域名根服务器。1 个为主根服务器，放置在美国。其余 12 个均为辅助根服务器，其中美国 9 个、欧洲 2 个（英国和瑞典各 1 个）、亚洲 1 个（日本）。所有的根服务器均由 ICANN（互联网名称与数字地址分配机构）统一管理。

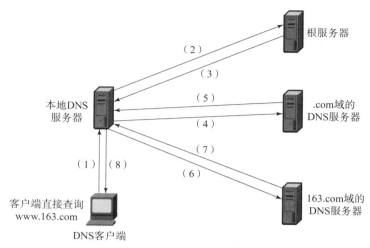

图7-3 迭代查询

（3）根服务器管理着.com，.net，.org等顶级域名的地址解析。它收到请求后，把解析结果（管理.com域的服务器地址）返回给本地DNS服务器。

（4）本地DNS服务器得到查询结果后，接着向管理.com域的DNS服务器发出进一步的查询请求，要求得到163.com的DNS地址。

（5）.com域的DNS服务器把解析结果（管理163.com域的DNS服务器地址）返回给本地DNS服务器。

（6）本地DNS服务器得到查询结果后，接着向管理163.com域的DNS服务器发出查询具体主机IP地址的请求（www），要求得到满足要求的主机IP地址。

（7）163.com域的DNS服务器把解析结果返回给本地DNS服务器。

（8）本地DNS服务器得到了最终的查询结果。它把这个结果返回给客户端，从而使客户端能够和远程主机通信。

特别提示

为了便于根据实际情况来分散DNS名称管理工作的负荷，将DNS名称空间划分为区域（zone）进行管理。详细内容请参考人民邮电出版社网站资料"DNS区域、DNS规划与域名申请.pdf"。

7.2 项目设计与准备

1. 部署要求

（1）设置DNS服务器的TCP/IP属性，手工指定IP地址、子网掩码、默认网关和DNS服务器地址等；

（2）部署域环境，域名为"long.com"。

2. 部署环境

本项目所有实例部署在同一个域环境下，域名为"long. com"。其中 DNS 服务器主机名为"win2012 – 1"，其本身也是域控制器，IP 地址为 192. 168. 10. 1。DNS 客户机主机名为"win2012 – 2"，其本身是域成员服务器，IP 地址为 192. 168. 10. 2。这两台计算机都是域中的计算机，具体网络拓扑如图 7 – 4 所示。

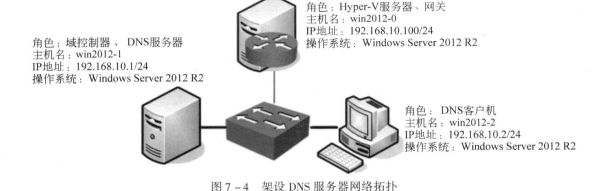

角色：Hyper-V服务器、网关
主机名：win2012-0
IP地址：192.168.10.100/24
操作系统：Windows Server 2012 R2

角色：域控制器、 DNS服务器
主机名：win2012-1
IP地址：192.168.10.1/24
操作系统：Windows Server 2012 R2

角色：DNS客户机
主机名：win2012-2
IP地址：192.168.10.2/24
操作系统：Windows Server 2012 R2

图 7 – 4　架设 DNS 服务器网络拓扑

7.3　项目实施

任务 7 – 1　添加 DNS 服务器

设置 DNS 服务器的首要任务就是建立 DNS 区域和域的树状结构。DNS 服务器以区域为单位来管理服务。区域是一个数据库，用来链接 DNS 名称和相关数据，如 IP 地址和网络服务，在 Internet 环境中一般用二级域名来命名，如 computer. com。DNS 区域分为两类：一类是正向查找区域，即域名到 IP 地址的数据库，用于提供将域名转换为 IP 地址的服务；另一类是反向查找区域，即 IP 地址到域名的数据库，用于提供将 IP 地址转换为域名的服务。

 注意

DNS 数据库由区域文件、缓存文件和反向搜索文件等组成，其中区域文件是最主要的，它保存着 DNS 服务器所管辖区域的主机的域名记录。默认的文件名是"区域名. dns"，在 Windows NT/2000/2003/2008 系统中，置于"windows \ system32 \ dns"目录中。缓存文件用于保存根域中的 DNS 服务器名称与 IP 地址的对应表，文件名为"Cache. dns"。DNS 服务就是依赖 DNS 数据库来实现的。

1. 安装 DNS 服务器角色

在安装 Active Directory 域服务角色时，可以选择一起安装 DNS 服务器角色，如果没有安装，那么可以在计算机 win2012 – 1 上通过"服务器管理器"安装 DNS 服务器角色，具体步骤如下：

STEP 1 选择"开始"→"管理工具"→"服务器管理器"→"仪表板"→"添加角色和功能"命令，持续单击"下一步"按钮，直到出现图7-5所示的"选择服务器角色"窗口时勾选"DNS服务器"复选框，单击"添加功能"按钮。

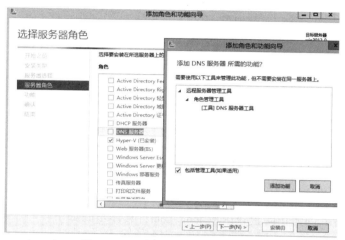

图7-5　"选择服务器角色"窗口

STEP 2 持续单击"下一步"按钮，最后单击"安装"按钮，开始安装DNS服务器角色。安装完毕后，单击"关闭"按钮，完成DNS服务器角色的安装。

2. DNS服务的停止和启动

要启动或停止DNS服务，可以使用net命令、"DNS管理器"控制台或"服务"控制台，具体步骤如下。

1）使用net命令

以域管理员账户登录win2012-1，单击左下角的PowerShell按钮，输入命令"net stop dns"停止DNS服务，输入命令"net start dns"启动DNS服务。

2）使用"DNS管理器"控制台

选择"开始"→"管理工具"→"DNS"选项，打开"DNS管理器"控制台，在左侧控制台目录树中用鼠标右键单击服务器"win2012-1"，在弹出的菜单中选择"所有任务"→"停止"或"启动"或"重新启动"命令，即可停止或启动DNS服务，如图7-6所示。

3）使用"服务"控制台

选择"开始"→"管理工具"→"DNS"选项，打开"服务"控制台，找到"DNS Server"服务，选择"启动"或"停止"命令即可启动或停止DNS服务。

任务7-2　部署主DNS服务器的DNS区域

在域控制器上安装完DNS服务器角色之后，将存在一个与Active Directory域服务集成的域long.com。为了实现任务7-2，将其删除。删除该域以后再完成以下任务。

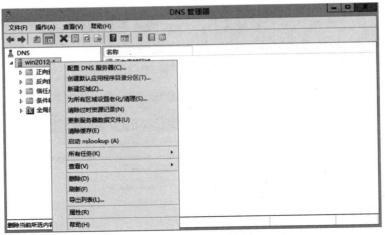

图 7 - 6 "DNS 管理器"控制台（1）

1. 创建正向查找区域

在 DNS 服务器上创建正向查找区域 long. com，具体步骤如下：

STEP 1 在 win2012 - 1 上，选择"开始"→"管理工具"→"DNS"选项，打开"DNS 管理器"控制台，展开控制台目录树，如图 7 - 7 所示。用鼠标右键单击"正向查找区域"选项，在弹出的快捷菜单中选择"新建区域"命令，显示"新建区域向导"对话框。

图 7 - 7 "DNS 管理器"控制台（2）

STEP 2 单击"下一步"按钮，出现图 7 - 8 所示的"区域类型"窗口，它用来选择要创建的区域的类型，有"主要区域""辅助区域"和"存根区域"3 种。若要创建新的区域，应当选择"主要区域"选项。

注意

如果当前 DNS 服务器上安装了 Active Directory 服务，则"在 Active Directory 中存储区域"复选框将自动勾选。

STEP 3 单击"下一步"按钮，选择在网络上如何复制 DNS 数据，本任务选择"至此域中域控制器上运行的所有 DNS 服务器（D）：long. com"选项，如图 7 - 9 所示。

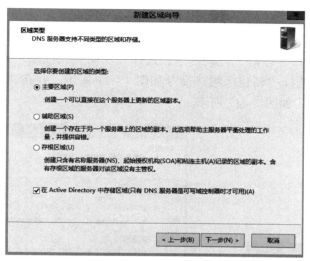

图7-8　"区域类型"窗口

STEP 4 单击"下一步"按钮，在"区域名称"文本框（见图7-10）中输入要创建的区域名称，如"long.com"。区域名称用于指定 DNS 名称空间的部分，由此实现 DNS 服务。

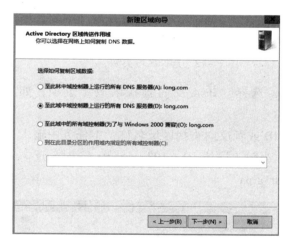

图7-9　"Active Directory 区域传送作用域"窗口

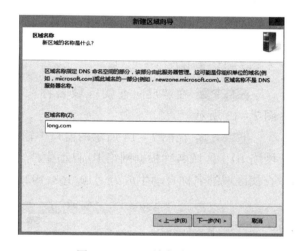

图7-10　"区域名称"窗口

STEP 5 单击"下一步"按钮，选择"只允许安全的动态更新"选项。

STEP 6 单击"下一步"按钮，显示新建区域摘要。单击"完成"按钮，完成正向查找区域的创建。

> **注意**
>
> 由于是与 Active Directory 域服务集成的区域，故不指定区域文件，否则指定区域文件"long.com.dns"。

2. 创建反向查找区域

反向查找区域用于通过 IP 地址查询 DNS 名称。创建的具体步骤如下：

STEP 1 在"DNS 管理器"控制台中，选择"反向查找区域"选项，单击鼠标右键，在弹出的快捷菜单中选择"新建区域"命令如图 7-11 所示，并在"区域类型"窗口中选择"主要区域"选项，如图 7-12 所示。

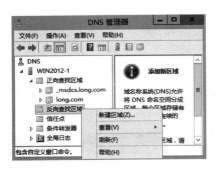

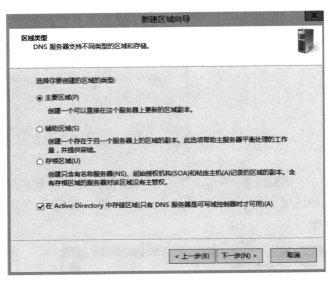

图 7-11　新建反向查找区域　　　　　　　　　图 7-12　选择区域类型

STEP 2 在"反向查找区域名称"窗口中，选择"IPv4 反向查找区域"选项，如图 7-13 所示。

STEP 3 在图 7-14 所示的窗口中输入网络 ID 或者反向查找区域名称，本任务中输入网络 ID，区域名称根据网络 ID 自动生成。例如，当输入网络 ID "192.168.10."时，反向查找区域的名称自动生成为"10.168.192.in-addr.arpa"。

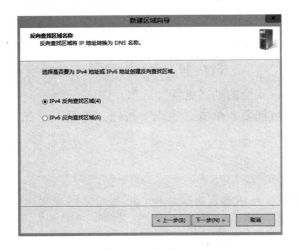

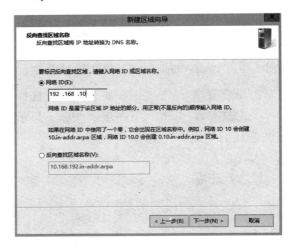

图 7-13　"反向查找区域名称"窗口（1）　　　图 7-14　"反向查找区域名称"窗口（2）

STEP 4 单击"下一步"按钮，选择"只允许安全的动态更新"选项。

STEP 5 单击"下一步"按钮，显示新建区域摘要。单击"完成"按钮，完成反向查找区域的创建。图 7 – 15 所示为创建后的效果。

图 7 – 15　创建后的效果

3. 创建资源记录

DNS 服务器需要根据区域中的资源记录提供该区域的名称解析。因此，在区域创建完成之后，需要在区域中创建所需的资源记录。

1）创建主机记录

创建 win2012 – 2 对应的主机记录。

STEP 1 以域管理员账户登录 win2012 – 1，打开"DNS 管理器"控制台，在左侧控制台目录树中选择要创建资源记录的正向查找区域"long. com"，然后在右侧控制台窗口空白处单击鼠标右键或用鼠标右键单击要创建资源记录的正向查找区域，在弹出的快捷菜单中选择相应功能项即可创建资源记录，如图 7 – 16 所示。

STEP 2 选择"新建主机"（A 或 AAAA）命令，打开"新建主机"对话框，通过此对话框可以创建 A 记录，如图 7 – 17 所示。

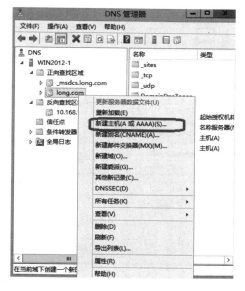

图 7 – 16　创建资源记录

图 7 – 17　创建 A 记录

（1）在"名称"文本框中输入 A 记录的名称，该名称即主机名，本任务中为"win2012 - 2"。

（2）在"IP 地址"文本框中输入该主机的 IP 地址，本任务中为"192. 168. 10. 2"。

（3）若勾选"创建相关的指针（PTR）记录"复选框，则在创建 A 记录的同时，可在已经存在的相对应的反向查找区域中创建 PTR 记录。若之前没有创建对应的反向查找区域，则不能成功创建 PTR 记录。本任务中不勾选此复选框，后面单独建立 PTR 记录。

2）创建别名记录

win2012 - 1 同时还是 Web 服务器，为其设置别名"www"。步骤如下：

STEP 1 在图 7 - 16 所示的窗口中，选择"新建别名（CNAME）"命令，打开"新建资源记录"对话框的"别名（CNAME）"选项卡，通过此选项卡可以创建别名记录，如图 7 - 18 所示。

STEP 2 在"别名"文本框中输入一个规范的名称（本任务中为"www"），单击"浏览"按钮，选择起别名的目的服务器域名（本任务中为"win2012 - 1. long. com"），或者直接输入目的服务器的名称。在"目标主机的完全合格的域名（FQDN）"文本框中输入需要定义别名的完整 DNS 域名。

3）创建邮件交换器记录

win2012 - 1 同时还是邮件服务器。在图 7 - 16 所示的窗口中，选择"新建邮件交换器（MX）"命令，打开"新建资源记录"对话框的"邮件交换器（MX）"选项卡，通过此选项卡可以创建邮件交换器记录，如图 7 - 19 所示。

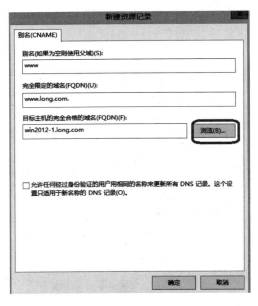

图 7 - 18　创建别名记录

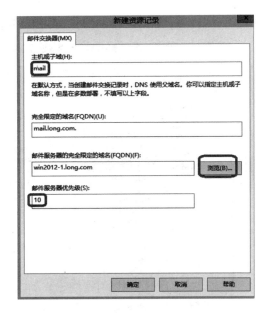

图 7 - 19　创建 MX 记录

STEP 1 在"主机或子域"文本框中输入邮件交换器记录的名称，该名称将与所在区域的名称一起构成邮件地址中"@"右面的后缀。例如，邮件地址为 yy@ long. com，则应将邮件交换器记录的名称设置为空（使用其中所属域的名称 long. com）；如果邮件地址为 yy@ mail. long. com，则应将 mail 作为邮件交换器记录的名称。本任务中输入"mail"。

STEP 2 在"邮件服务器的完全限定的域名（FQDN）"文本框中，输入该邮件服务器的名称（此名称必须是已经创建的对应于邮件服务器的 A 记录）。本任务中为"win2012 - 1. long. com"。

STEP 3 在"邮件服务器优先级"文本框中设置当前邮件交换器记录的优先级；如果存在两个或更多的邮件交换器记录，则在解析时将首选优先级高的邮件交换器记录。

4）创建指针记录

STEP 1 以域管理员账户登录 win2012 - 1，打开"DNS 管理器"控制台。

STEP 2 在左侧控制台目录树中选择要创建指针记录的反向查找区域"10.168.192. in - addr. arpa"，然后在右侧控制台窗口空白处单击鼠标右键或用鼠标右键单击要创建指针记录的反向查找区域，在弹出的快捷菜单中选择"新建指针（PTR）"命令（见图 7 - 20），在打开的"新建资源记录"对话框的"指针（PTR）"选项卡中即可创建指针记录（见图 7 - 21）。同理创建 192.168.10.1 的指针记录。

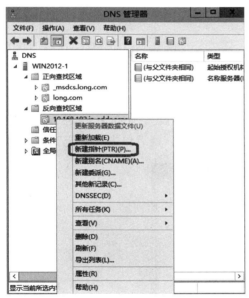

图 7 - 20　创建指针记录（1）

图 7 - 21　创建指针记录（2）

STEP 3 指针记录创建完成之后，在"DNS 管理器"控制台和区域数据库文件中都可以看到指针记录，如图 7 - 22 所示。

图 7 - 22　通过"DNS 管理器"控制台查看反向查找区域中的指针记录

注意

　　如果区域和 Active Directory 域服务集成，那么资源记录将保存到活动目录中；如果不是和 Active Directory 域服务集成，那么资源记录将保存到区域文件中。默认 DNS 服务器的区域文件存储在"C：\windows\system32\dns"下。若不集成活动目录，则本任务正向查找区域文件为"long. com. dns"，反向查找区域文件为"10. 168. 192. in - addr. arpa. dns"。这两个文件可以用记事本打开。

任务 7 - 3　配置 DNS 客户端并测试主 DNS 服务器

1. 配置 DNS 客户端

可以通过手工方式配置 DNS 客户端，也可以通过 DHCP 自动配置 DNS 客户端（要求 DNS 客户端是 DHCP 客户端）。

以域管理员账户登录 DNS 客户端计算机 win2012 - 2，打开"Internet 协议版本 4（TCP/IPv4）属性"对话框，在"首选 DNS 服务器"编辑框中设置所部署的主 DNS 服务器 win2012 - 1 的 IP 地址为"192. 168. 10. 1"，如图 7 - 23 所示。最后单击"确定"按钮即可。

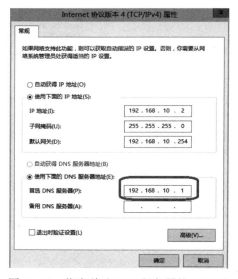

图 7 - 23　指定首选 DNS 服务器的 IP 地址

通过 DHCP 自动配置 DNS 客户端的方法参考项目 8 "配置与管理 DHCP 服务器"。

2. 测试 DNS 服务器

部署完主 DNS 服务器并启动 DNS 服务后，应该对 DNS 服务器进行测试，最常用的测试工具是 nslookup 和 ping 命令。

nslookup 是用来进行手动 DNS 查询的最常用工具，可以判断 DNS 服务器是否工作正常。如果有故障，还可以判断可能的故障原因。它的一般用法为：

nslookup ［ - option…］ ［host to find］ ［sever］

这个工具可以用于两种模式：非交互模式和交互模式。

1）非交互模式

非交互模式要从命令行输入完整的命令，如：

C：\ > nslookup www. long. com

2）交互模式

输入 "nslookup" 并按回车键，不需要参数，就可以进入交互模式。在交互模式下，直接输入 "fqdn" 进行查询。

任何一种模式都可以将参数传递给 nslookup，但在 DNS 服务器出现故障时更多地使用交互模式。在交互模式下，可以在提示符 " > " 下输入 "help" 或 "?" 来获得帮助信息。

下面在 DNS 客户端 win2012 - 2 的交互模式下，测试上面部署的 DNS 服务器。

STEP 1 在 "运行" 文本框中输入 "cmd"，进入 nslookup 测试环境，如图 7 - 24 所示。

图 7 - 24　进入 nslookup 测试环境

STEP 2 测试主机记录，如图 7 - 25 所示。

图 7 - 25　测试主机记录

STEP 3 测试正向解析的别名记录，如图 7 - 26 所示。
STEP 4 测试邮件交换器记录，如图 7 - 27 所示。

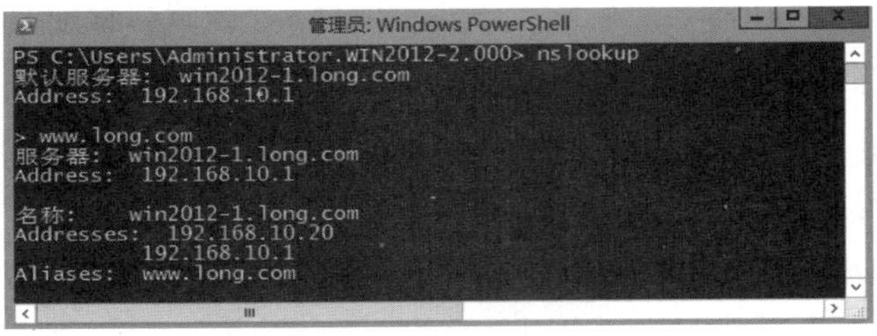

图 7 – 26　测试正向解析的别名记录

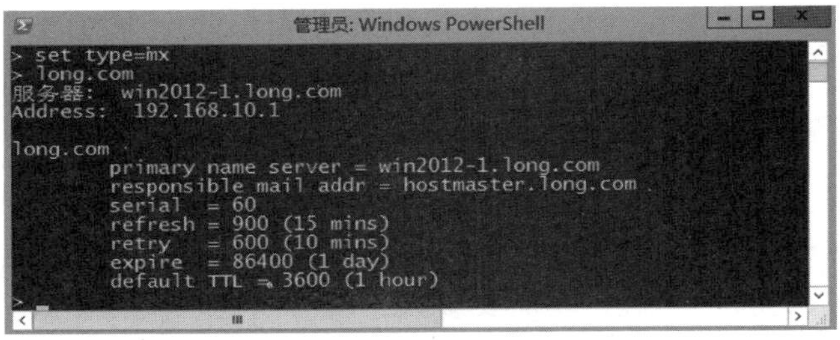

图 7 – 27　测试邮件交换器记录

说明

"set type"表示设置查找的类型。"set type = mx"表示查找邮件交换器记录。
"set type = cname"表示查找别名记录。"set type = A"表示查找主机记录。
"set type = prt"表示查找指针记录。"set type = ns"表示查找区域信息。

STEP 5 测试指针记录，如图 7 – 28 所示。

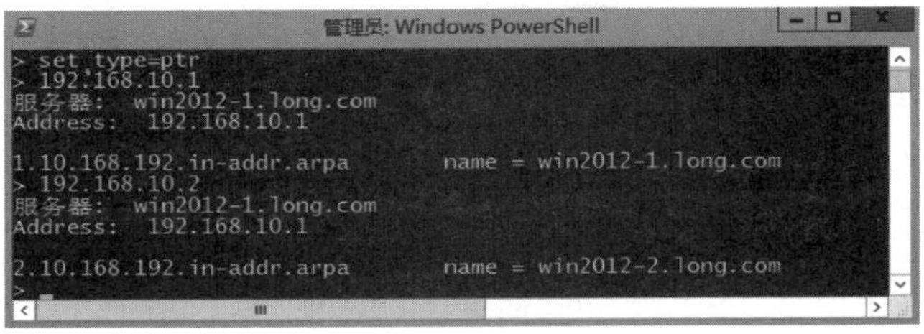

图 7 – 28　测试指针记录

STEP 6 查找区域信息并退出 nslookup 测试环境，如图 7 – 29 所示。

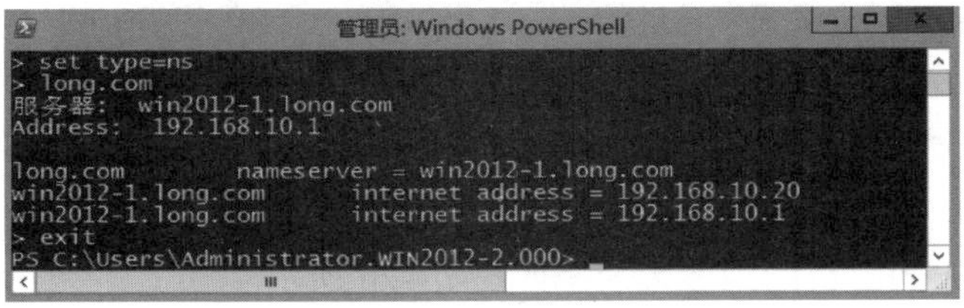

图 7 – 29　查找区域信息并退出 nslookup 测试环境

做一做

可以利用"ping 域名或 IP 地址"简单测试 DNS 服务器与 DNS 客户端的配置，读者不妨试一试。

3. 管理 DNS 客户端缓存

（1）在"运行"文本框中输入"cmd"，打开"命令提示符"窗口。

（2）查看 DNS 客户端缓存：

$$C:\ > ipconfig \ /displaydns$$

（3）清空 DNS 客户端缓存：

$$C:\ > ipconfig \ /flushdns$$

7.4 习题

一、填空题

1. _____是一个用于存储单个 DNS 域名的数据库，是域名空间树状结构的一部分，它将域名空间分区为较小的区段。

2. DNS 顶级域名中表示官方政府单位的是_____。

3. _____表示邮件交换器记录。

4. 可以用来检测 DNS 资源创建是否正确的两个工具是_____、_____。

5. DNS 服务器的查询方式有_____、_____。

二、选择题

1. 某企业的网络工程师安装了一台基本的 DNS 服务器，用来提供域名解析服务。网络中的其他计算机都作为这台 DNS 服务器的客户机。他在 DNS 服务器创建了一个标准主要区域，在一台客户机上使用 nslookup 工具查询一个主机名称，DNS 服务器能够正确地将其 IP 地址解析出来。可是当使用 nslookup 工具查询该 IP 地址时，DNS 服务器却无法将其主机名称解析出来。请问：应如何解决这个问题？（   ）

A. 在 DNS 服务器反向查找区域中，为这条主机记录创建相应的指针记录

B. 在 DNS 服务器区域属性上设置允许动态更新

C. 在要查询的这台客户机上运行命令"ipconfig /registerdns"

D. 重新启动 DNS 服务器

2. 在 Windows Server 2012 R2 的 DNS 服务器上不可以新建的区域类型有（   ）。

A. 转发区域　　　　B. 辅助区域　　　　C. 存根区域　　　　D. 主要区域

3. DNS 提供了一个（   ）命名方案。

A. 分级　　　　B. 分层　　　　C. 多级　　　　D. 多层

4. DNS 顶级域名中表示商业组织的是（   ）。

A. com　　　　B. gov　　　　C. mil　　　　D. org

5. ( ) 表示别名记录。

A. MX B. SOA C. CNAME D. PTR

三、简答题

1. DNS 的查询模式有哪几种？

2. DNS 的常见资源记录有哪些？

3. DNS 的管理与配置流程是什么？

4. DNS 服务器属性中的"转发器"的作用是什么？

5. 什么是 DNS 服务器的动态更新？

四、案例分析

某企业安装了自己的 DNS 服务器，为企业内部客户端计算机提供主机名称解析服务，然而企业内部的客户端计算机除了访问内部的网络资源外，还想访问 Internet 资源。企业的网络管理员应该怎样配置 DNS 服务器？

7.5 实训项目 配置与管理 DNS 服务器

1. 实训目的

（1）掌握 DNS 服务器的安装与配置方法。

（2）掌握两个以上的 DNS 服务器的建立与管理方法。

（3）掌握 DNS 正向查找和反向查找的功能及配置方法。

（4）掌握各种 DNS 服务器的配置方法。

（5）掌握 DNS 资源记录的规划和创建方法。

2. 项目背景

本实训项目所依据的网络拓扑如图 7-4 所示。

3. 项目要求

依据图 7-4 完成任务：添加 DNS 服务器、部署主 DNS 服务器、配置 DNS 客户端并测试主 DNS 服务器的配置。

4. 做一做

根据实训项目录像进行项目的实训，检查学习效果。

项目 8

配置与管理 DHCP 服务器

✓ **项目背景**

IP 地址是每台计算机必定设置的参数，手动设置每一台计算机的 IP 地址成为网络管理员最不愿意做的一件事，于是出现了自动设置 IP 地址的方法，这就是使用动态主机配置协议（Dynamic Host Configuration Protocol，DHCP），该协议可以自动为局域网中的每一台计算机自动分配 IP 地址，并完成每台计算机的 TCP/IP 配置，包括 IP 地址、子网掩码、默认网关以及 DNS 服务器等。DHCP 服务器能够从预先设置的 IP 地址池中自动给主机分配 IP 地址，它不仅能够解决 IP 地址冲突的问题，还能及时回收 IP 地址以提高 IP 地址的利用率。

✓ **学习要点**

（1）了解 DHCP 服务器在网络中的作用；
（2）理解 DHCP 的工作过程；
（3）掌握 DHCP 服务器的基本配置方法；
（4）掌握 DHCP 客户端的配置和测试方法；
（5）掌握常用 DHCP 选项的配置方法；
（6）理解网络中 DHCP 越级作用域配置方法。

8.1　相关知识

8.1.1　何时使用 DHCP 服务

网络中每一台主机的 IP 地址与相关配置，可以采用以下两种方式获得：手工配置和自动获得（自动向 DHCP 服务器获取）。

在网络主机数目少的情况下，可以手工为网络中的主机分配静态的 IP 地址，但有时工作量很大，这就需要动态 IP 地址方案。在该方案中，每台计算机并不设定固定的 IP 地址，而是在开机时才被分配一个 IP 地址，这台计算机被称为 DHCP 客户端（DHCP Client）。在网络中提供 DHCP 服务的计算机称为 DHCP 服务器。DHCP 服务器利用 DHCP 为网络中的主机分配动态 IP 地址，并提供子网掩码、默认网关、路由器的 IP 地址以及一个 DNS 服务器的

IP 地址等。

动态 IP 地址方案可以减少网络管理员的工作量。只要 DHCP 服务器正常工作，IP 地址就不会发生冲突。要大批量更改计算机所在子网或其他 IP 参数，只要在 DHCP 服务器上进行操作即可，管理员不必设置每一台计算机的参数。

需要动态分配 IP 地址的情况包括以下 3 种：

（1）网络的规模较大，网络中需要分配 IP 地址的主机很多，特别是要在网络中增加和删除网络主机或者重新配置网络时，使用手工分配工作量很大，而且常常会因为用户不遵守规则而出现错误，如 IP 地址冲突等。

（2）网络中的主机多，而 IP 地址不够用，这时也可以使用 DHCP 服务解决这一问题。例如，某个网络上有 200 台计算机，采用静态 IP 地址时，每台计算机都需要预留一个 IP 地址，即共需要 200 个 IP 地址。然而，这 200 台计算机并不同时开机，比如只有 20 台计算机同时开机，这样就浪费了 180 个 IP 地址。这对互联网服务供应商（Internet Service Provider，ISP）来说是十分严重的问题。如果 ISP 有 100 000 个用户，是否需要 100 000 个 IP 地址？解决这个问题的方法就是使用 DHCP 服务。

（3）DHCP 服务使移动客户可以在不同的子网中移动，并在他们连接到网络时自动获得网络中的 IP 地址。随着笔记本电脑的普及，移动办公逐渐成为常态。当计算机从一个网络移动到另一个网络时，每次移动也需要改变 IP 地址，并且移动的计算机在每个网络中都需要占用一个 IP 地址。

利用拨号上网实际上就是从 ISP 动态获得了一个公有的 IP 地址。

8.1.2　DHCP 地址分配类型

DHCP 允许 3 种地址分配方式。

（1）自动分配方式：当 DHCP 客户机第一次成功地从 DHCP 服务器租用到 IP 地址之后，就永远使用这个地址。

（2）动态分配方式：当 DHCP 客户机第一次从 DHCP 服务器租用到 IP 地址之后，并非永久地使用该 IP 地址，只要租约到期，DHCP 客户机就得释放这个 IP 地址，以给其他 DH-CP 客户机使用。当然，DHCP 客户机可以比其他客户机更优先地更新租约，或是租用其他 IP 地址。

（3）手工分配方式：DHCP 客户机的 IP 地址是由网络管理员指定的，DHCP 服务器只是把指定的 IP 地址告诉 DHCP 客户机。

8.1.3　DHCP 服务的工作过程

1. DHCP 客户机第一次登录网络

当 DHCP 客户机登录网络时，通过以下步骤从 DHCP 服务器获得 IP 地址租约：

（1）DHCP 客户机在本地子网中先发送 DHCP Discover 报文。此报文以广播的形式发送，因为 DHCP 客户机现在不知道 DHCP 服务器的 IP 地址。

（2）在 DHCP 服务器收到 DHCP 客户机广播的 DHCP Discover 报文后，它向 DHCP 客户机发送 DHCP Offer 报文，其中包括一个可租用的 IP 地址。

如果没有 DHCP 服务器对 DHCP 客户机的请求作出反应，可能发生以下两种情况：

（1）如果 DHCP 客户使用的是 Windows 2000 及后续版本 Windows 操作系统，且自动设置 IP 地址的功能处于激活状态，那么 DHCP 客户机将自动从保留 IP 地址段中选择一个自动私有地址（Automatic Private IP Address，APIPA）作为自己的 IP 地址。自动私有 IP 地址的范围是 169.254.0.1~169.254.255.254。使用自动私有 IP 地址可以确保在 DHCP 服务器不可用时，DHCP 客户机之间仍然可以利用私有 IP 地址进行通信。所以，即使在网络中没有 DHCP 服务器，计算机之间仍能通过"网上邻居"发现彼此。

（2）如果使用其他操作系统或自动设置 IP 地址的功能被禁止，则 DHCP 客户机无法获得 IP 地址，初始化失败。但 DHCP 客户机在后台每隔 5 分钟发送 4 次 DHCP Discover 报文，直到它收到 DHCP Offer 报文。

（3）一旦 DHCP 客户机收到 DHCP Offer 报文，它就发送 DHCP Request 报文到 DHCP 服务器，表示它将使用 DHCP 服务器所提供的 IP 地址。

（4）DHCP 服务器在收到 DHCP Request 报文后，立即发送 DHCP YACK 报文，以确定此租约成立，且此报文还包含其他 DHCP 选项信息。

DHCP 客户机收到确认信息后，利用其中的信息配置它的 TCP/IP 并加入网络。上述过程如图 8-1 所示。

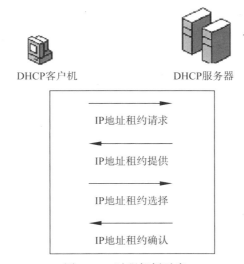

图 8-1　过程解析示意

2. DHCP 客户机第 2 次登录网络

DHCP 客户机获得 IP 地址后再次登录网络时，就不需要再发送 DHCP Discover 报文了，而是直接发送包含前一次所分配的 IP 地址的 DHCP Request 报文。DHCP 服务器收到 DHCP Request 报文，会尝试让 DHCP 客户机继续使用原来的 IP 地址，并回答一个 DHCP YACK 报文。

如果 DHCP 服务器无法分配给 DHCP 客户机原来的 IP 地址，则回答一个 DHCP NACK 报文。当 DHCP 客户机接收到 DHCP NACK 报文后，就必须重新发送 DHCP Discover 报文来请求新的 IP 地址。

3. IP 地址租约的更新

DHCP 服务器将 IP 地址分配给 DHCP 客户机后，有租用时间的限制，DHCP 客户机必须在该次租约到期前对它进行更新。DHCP 客户机在 50% 租借时间过去以后，每隔一段时间就开始请求 DHCP 服务器更新当前租约。如果 DHCP 服务器应答，则租约延期。如果 DHCP 服务器始终没有应答，在有效租借期的 87.5% 时，DHCP 客户机应该与任何一个其他 DHCP 服务器通信，并请求更新它的配置信息。如果 DHCP 客户机不能和所有的 DHCP 服务器取得联系，租约到期后，它必须放弃当前的 IP 地址，并重新发送一个 DHCP Discover 报文开始上述 IP 地址获得过程。

DHCP 客户机可以主动向 DHCP 服务器发出 DHCP Release 报文，将当前的 IP 地址租约释放。

8.2　项目设计与准备

部署 DHCP 之前应该先进行规划，明确哪些 IP 地址自动分配给 DHCP 客户机（作用域中应包含的 IP 地址），哪些 IP 地址手工指定给特定的 DHCP 服务器。例如，在本项目中，将 IP 地址 192.168.10.1 ～ 200/24 用于自动分配，将 IP 地址 192.168.10.100/24 ～ 192.168.10.120/24、192.168.10.10/24 排除，预留给需要手工指定 TCP/IP 参数的 DHCP 服务器，将 192.168.10.200/24 用作保留地址。

根据图 8-2 所示的域环境部署 DHCP 服务。

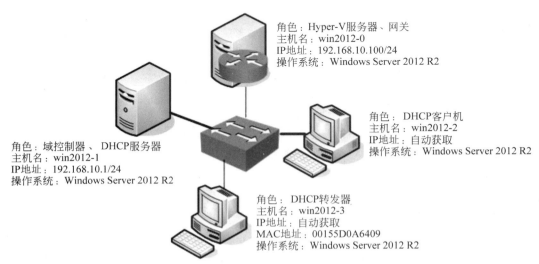

图 8-2　架设 DHCP 服务器的网络拓扑

注意

一定要排除用于手工配置的 IP 地址（见图 8 - 2 中的 192.168.10.100/24 和 192.168.10.1/24），否则会造成 IP 地址冲突。请读者思考原因。

8.3　项目实施

任务 8 - 1　安装 DHCP 服务器角色

STEP 1 选择"开始"→"管理工具"→"服务器管理器"→"仪表板"→"添加角色和功能"命令，持续单击"下一步"按钮，直到出现图 8 - 3 所示的"选择服务器角色"窗口，勾选"DHCP 服务器"复选框，单击"添加功能"按钮。

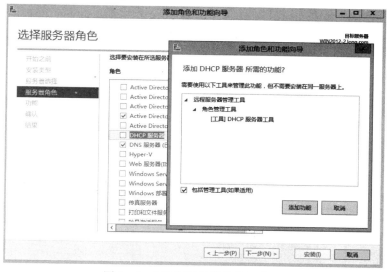

图 8 - 3　"选择服务器角色"窗口

STEP 2 持续单击"下一步"按钮，最后单击"安装"按钮，开始安装 DHCP 服务器角色。安装完毕后，单击"关闭"按钮，完成 DHCP 服务器角色的安装。

STEP 3 选择"开始"→"管理工具"→"DHCP"选项，打开"DHCP"控制台，如图 8 - 4 所示，可以在此配置和管理 DHCP 服务器。

任务 8 - 2　授权 DHCP 服务器

Windows Server 2012 R2 为使用活动目录的网络提供了集成的安全性支持。针对 DHCP 服务器，它提供了授权的功能。通过这一功能可以对网络中配置正确的合法 DHCP 服务器进行授权，允许它们对 DHCP 客户机自动分配 IP 地址，还能够检测未授权的非法 DHCP 服务器，以及防止这些 DHCP 服务器在网络中启动或运行，从而提高了网络的安全性。

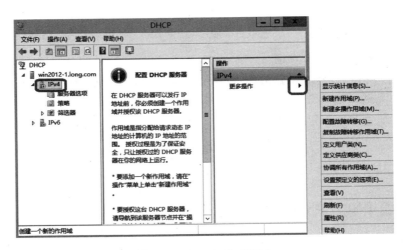

图 8 - 4   "DHCP"控制台

1. 对域中的 DHCP 服务器进行授权

如果 DHCP 服务器是域的成员，并且在安装 DHCP 服务器角色的过程中没有选择授权，那么在安装完成后就必须先进行授权，才能为 DHCP 客户机提供 IP 地址，独立服务器不需要授权。步骤如下：

在图 8 - 4 所示的窗口中，用鼠标右键单击 DHCP 服务器"win2012 - 1. long. com"，选择快捷菜单中的"授权"选项，即可为 DHCP 服务器授权，重新打开"DHCP"控制台，如图 8 - 5 所示，显示 DHCP 服务器已授权：IPv4 前面由红色向下箭头变为了绿色对钩。

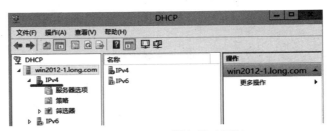

图 8 - 5   DHCP 服务器已授权

2. 为什么要授权 DHCP 服务器

由于 DHCP 服务器为 DHCP 客户机自动分配 IP 地址时均采用广播机制，而且 DHCP 客户机在发送 DHCP Request 报文时，也只是简单地选择第一个收到的 DHCP Offer 报文，这意味着在整个 IP 地址租用过程中，网络中所有的 DHCP 服务器都是平等的。如果网络中的 DHCP 服务器都是正确配置的，则网络将能够正常运行。如果在网络中出现了错误配置的 DHCP 服务器，则可能引发网络故障。例如，错误配置的 DHCP 服务器可能为 DHCP 客户机分配不正确的 IP 地址，导致 DHCP 客户机无法进行正常的网络通信。在图 8 - 6 所示的网络环境中，配置正确的 DHCP 服务器 dhcp 可以为 DHCP 客户机提供符合网络规划的 IP 地址 192. 168. 2. 10 ~ 200/24，而配置错误的非法 DHCP 服务器 bad_dhcp 为 DHCP 客户机提供的却是不符合网络规划的 IP 地址 10. 0. 0. 11 ~ 100/24。对于网络中的 DHCP 客户机 client 来说，由于在自动获得 IP 地址的过程中，两台 DHCP 服务器具有平等的被选择权，因此 client 将有 50% 的可能性获得一个由 bad_dhcp 提供的 IP 地址，这意味着网络出现故障的可能性将高达 50%。

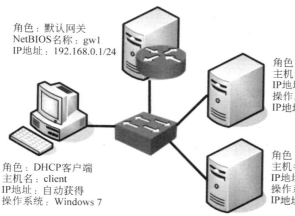

角色：默认网关
NetBIOS名称：gw1
IP地址：192.168.0.1/24

角色：配置正确的合法DHCP服务器
主机名：dhcp
IP地址：192.168.0.3/24
操作系统：Windows Server 2012
IP地址范围：192.168.0.51-150/24

角色：DHCP客户端
主机名：client
IP地址：自动获得
操作系统：Windows 7

角色：配置错误的非法DHCP服务器
主机名：bad_dhcp
IP地址：10.0.0.10/24
操作系统：Windows Server 2012
IP地址范围：10.0.11-100/24

图 8-6 网络中出现非法的 DHCP 服务器

为了解决这一问题，Windows Server 2012 R2 引入了 DHCP 服务器的授权机制。通过授权机制，DHCP 服务器在服务 DHCP 客户机之前，需要验证是否已在活动目录中被授权。如果未经授权，将不能为 DHCP 客户机分配 IP 地址。这样就避免了网络中出现错误配置的 DHCP 服务器所导致的大多数意外网络故障。

 注意

（1）在工作组环境中，DHCP 服务器肯定是独立的服务器，无须授权（也不能授权）即能向 DHCP 客户机提供 IP 地址。

（2）在域环境中，域控制器或域成员身份的 DHCP 服务器能够被授权，为 DHCP 客户机提供 IP 地址。

（3）在域环境中，独立服务器身份的 DHCP 服务器不能被授权，若域中有被授权的 DHCP 服务器，则该 DHCP 服务器不能为 DHCP 客户机提供 IP 地址；若域中没有被授权的 DHCP 服务器则该 DHCP 服务器可以为 DHCP 客户机提供 IP 地址。

任务 8-3 创建 DHCP 作用域

在 Windows Server 2012 R2 中，作用域可以在安装 DHCP 服务器角色的过程中创建，也可以在安装完成后在"DHCP"控制台中创建。一台 DHCP 服务器可以创建多个不同的作用域。如果在安装时没有建立作用域，也可以单独建立 DHCP 作用域。具体步骤如下：

STEP 1 在 win2012-1 上打开 DHCP 控制台，展开服务器名，选择"IPv4"，用鼠标右键单击并选择快捷菜单中的"新建作用域"命令，运行新建作用域向导。

STEP 2 单击"下一步"按钮，显示"作用域名"窗口，在"名称"文本框中输入新作用域的名称，以与其他作用域相区分。

STEP 3 单击"下一步"按钮，显示图 8-7 所示的"IP 地址范围"窗口。在"起始 IP 地址"和"结束 IP 地址"文本框中输入欲分配的 IP 地址范围。

STEP 4 单击"下一步"按钮，显示图 8-8 所示的"添加排除和延迟"窗口，设置 DHCP 客户机的排除地址。在"起始 IP 地址"和"结束 IP 地址"文本框中输入欲排除的 IP 地址或 IP 地址段，单击"添加"按钮，将其添加到"排除的地址范围"列表框中。

 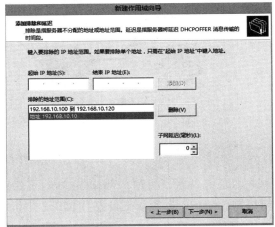

图 8-7 "IP 地址范围"窗口　　　　图 8-8 "添加排除和延迟"窗口

STEP 5 单击"下一步"按钮，显示"租用期限"窗口，设置 DHCP 客户机租用 IP 地址的时间。

STEP 6 单击"下一步"按钮，显示"配置 DHCP 选项"窗口，提示是否配置 DHCP 选项，选择默认的"是，我想现在配置这些选项"选项。

STEP 7 单击"下一步"按钮，显示图 8-9 所示的"路由器（默认网关）"窗口，在"IP 地址"文本框中输入要分配的网关，单击"添加"按钮将其添加到列表框中。本任务中为 192.168.10.100。

STEP 8 单击"下一步"按钮，显示"域名称和 DNS 服务器"窗口。在"父域"文本框中输入进行 DNS 解析时使用的父域，在"IP 地址"文本框中输入 DNS 服务器的 IP 地址，单击"添加"按钮将其添加到列表框中，如图 8-10 所示。本任务中为 192.168.10.1。

STEP 9 单击"下一步"按钮，显示"WINS 服务器"窗口，设置 WINS 服务器。如果网络中没有配置 WINS 服务器，则不必设置。

STEP 10 单击"下一步"按钮，显示"激活作用域"窗口，询问是否要激活作用域。建议选择默认的"是，我想现在激活此作用域"选择。

STEP 11 单击"下一步"按钮，显示"正在完成新建作用域向导"窗口。

STEP 12 单击"完成"按钮，作用域创建完成并自动激活。

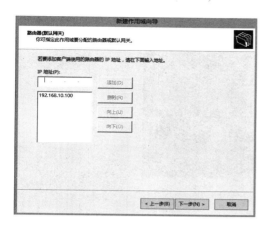

图 8-9 "路由器（默认网关）"窗口 　　图 8-10 "域名称和 DNS 服务器"窗口

任务 8-4　保留特定的 IP 地址

如果想保留特定的 IP 地址给指定的 DHCP 客户机，以便 DHCP 客户机在每次启动时都获得相同的 IP 地址，就需要将该 IP 地址与 DHCP 客户机的 MAC 地址绑定。步骤如下：

STEP 1　打开"DHCP"控制台，在左窗格中选择作用域中的"保留"选项。

STEP 2　执行"操作"→"添加"命令，打开"［192.168.10.200］保留1属性"对话框，如图 8-11 所示。

STEP 3　在"IP 地址"文本框中输入要保留的 IP 地址。本任务中为 192.168.10.200。

STEP 4　在"MAC 地址"文本框中输入要保留 IP 地址的网卡的 MAC 地址。

STEP 5　在"保留名称"文本框中输入客户名称。注意此名称只是一般的说明文字，并不是用户账户的名称，且此处不能为空白。

STEP 6　如果有需要，可以在"描述"文本框内输入一些描述此客户的说明性文字。

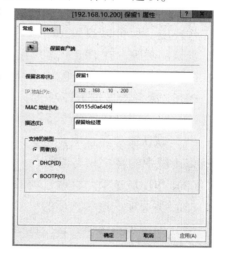

图 8-11　"［192.168.10.200］保留1属性"对话框

添加完成后，用户可利用作用域中的"地址租约"选项进行查看。在大部分情况下，DHCP 客户机使用的仍然是以前的 IP 地址。也可用以下方法进行更新：

（1）ipconfig /release：释放现有 IP 地址租约；

（2）ipconfig /renew：更新 IP 地址租约。

STEP 7　在 MAC 地址为 00155D0A6409 的计算机 win2012-3 上进行测试，结果如图 8-12 所示。

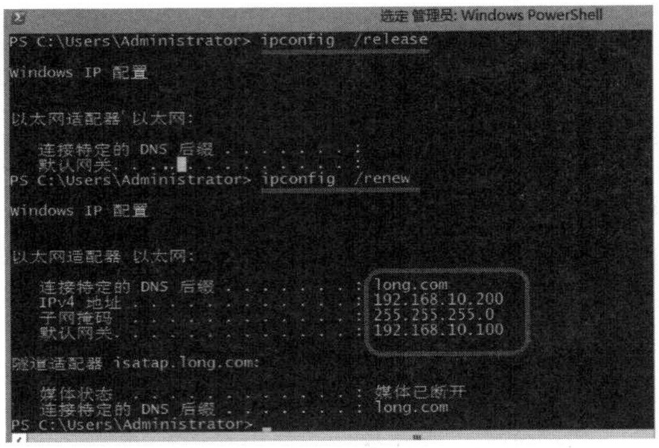

图 8 – 12　保留地址测试结果

✍ **注意**

　　如果在设置保留地址时，网络上有多台 DHCP 服务器存在，用户需要在其他 DHCP 服务器中将此保留地址排除，以便 DHCP 客户机可以获得正确的保留地址。

任务 8 – 5　配置 DHCP 选项

　　DHCP 服务器除了可以为 DHCP 客户机提供 IP 地址外，还可以设置 DHCP 客户机启动时的工作环境，如可以设置 DHCP 客户机登录的域名称、DNS 服务器、WINS 服务器、路由器、默认网关等。在 DHCP 客户机启动或更新 IP 地址租约时，DHCP 服务器可以自动设置 DHCP 客户机启动后的 TCP/IP 环境。

　　DHCP 服务器提供了许多选项，如默认网关、域名、DNS 服务器、WINS 服务器、路由器等。这些选项包括 4 种类型：

　　（1）默认服务器选项：这些选项的设置影响"DHCP"控制台窗口下该 DHCP 服务器下所有作用域中的客户和类选项。

　　（2）作用域选项：这些选项的设置只影响该作用域下的 IP 地址租约。

　　（3）类选项：这些选项的设置只影响被指定使用该 DHCP 类 ID 的客户机。

　　（4）保留客户选项：这些选项的设置只影响指定的保留客户。

　　如果在默认服务器选项与作用域选项中设置了不同的选项，则作用域选项起作用，即在应用时，作用域选项将覆盖默认服务器选项。同理，类选项会覆盖作用域选项，保留客户选项覆盖以上 3 种选项，它们的优先级表示如下：

　　保留客户选项 > 类选项 > 作用域选项 > 默认服务器选项

　　为了进一步了解选项设置，以在作用域中添加 DNS 选项为例，说明 DHCP 选项的设置。

　STEP 1　打开"DHCP"控制器，在左窗格中展开服务器，选择"作用域选项"选项，执行"操作"→"配置选项"命令。

　STEP 2　打开"作用域选项"对话框，如图 8 – 13 所示。在"常规"选项卡的"可用选项"列表中，勾选选择"006 DNS 服务器"复选框，输入 IP 地址。单击"确定"按钮结束。

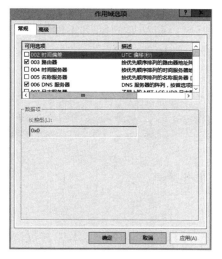

图 8-13 "作用域选项"对话框

任务8-6 配置超级作用域

超级作用域是运行 Windows Server 2003 的 DHCP 服务器的一种管理功能。当 DHCP 服务器上有多个作用域时，可以组成超级作用域，作为单个实体来管理。超级作用域常用于多网配置。多网是指在同一物理网段上使用两个或多个 DHCP 服务器以管理分离的逻辑 IP 网络。在多网配置中，可以使用超级作用域组合多个作用域，为网络中的 DHCP 客户机提供来自多个作用域的 IP 地址租约。其网络拓扑如图 8-14 所示。

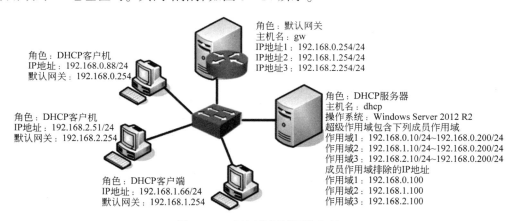

图 8-14 超级作用域网络拓扑

超级作用域的设置方法如下：

在"DHCP"控制台中，用鼠标右键单击 DHCP 服务器下的"IPv4"选项，在弹出的快捷菜单中选择"新建超级作用域"命令，打开"新建超级作用域向导"对话框，在"选择作用域"窗口中选择要加入超级作用域管理的作用域。

超级作用域创建完成以后会显示在"DHCP"控制台中，还可以将其他作用域也添加到该超级作用域中。

Windows Server 2012配置与管理项目教程

超级作用域可以解决多网结构中的某些 DHCP 部署问题。比较典型的情况就是，当前活动作用域的可用地址池几乎已耗尽，而又要向网络添加更多计算机，这时可使用另一个 IP 网络地址范围以扩展同一物理网段的地址空间。

 注意

超级作用域只是一个简单的容器，删除超级作用域时并不会删除其中的子作用域。

任务 8-7　配置 DHCP 客户机并测试

1. 配置 DHCP 客户机

目前常用的操作系统均可作为 DHCP 客户机，本任务仅以 Windows 平台为例进行说明。在 Windows 平台中配置 DHCP 客户非常简单。

（1）在计算机 win2012-2 上，打开"Internet 协议版本 4（TCP/IPv4）属性"对话框。

（2）选择"自动获得 IP 地址"和"自动获得 DNS 服务器地址"选项即可。

提　示

由于 DHCP 客户机是在开机的时候自动获得 IP 地址的，因此并不能保证每次获得的 IP 地址是相同的。

2. 测试 DHCP 客户机

在 DHCP 客户机上打开"命令提示符"窗口，通过 ipconfig /all 和 ping 命令进行测试，如图 8-15 所示。

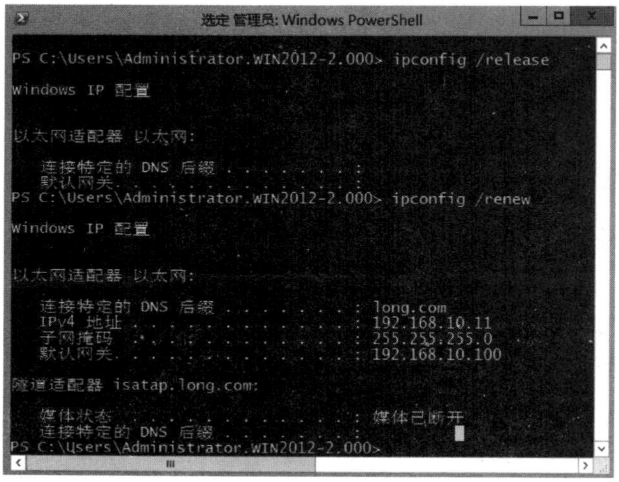

图 8-15　测试 DHCP 客户机

- 188 -

3. 手动释放 DHCP 客户机 IP 地址租约

在 DHCP 客户机上打开"命令提示符"窗口，使用 ipconfig /release 命令手动释放 DHCP 客户机 IP 地址租约。请读者试着做一下。

4. 手动更新 DHCP 客户机 IP 地址租约

在 DHCP 客户机上打开"命令提示符"窗口，使用 ipconfig /renew 命令手动更新 DHCP 客户机 IP 地址租约。请读者试着做一下。

5. 在 DHCP 服务器上验证 IP 地址租约

使用具有管理员权限的用户账户登录 DHCP 服务器，打开"DHCP"控制台。在左侧控制台目录树中双击 DHCP 服务器，在展开的树中双击作用域，然后选择"地址租约"选项，将能够看到当前 DHCP 服务器的当前作用域中的 IP 地址租约，如图 8-16 所示。

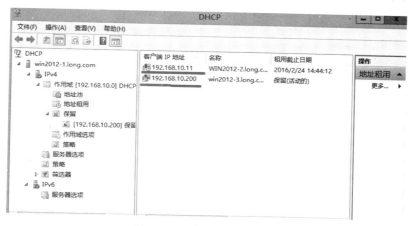

图 8-16 验证 IP 地址租约

8.3 习题

一、填空题

1. DHCP 工作过程包括_____、_____、_____、_____4 种报文。

2. 如果 Windows 的 DHCP 客户机无法获得 IP 地址，其将自动从保留 IP 地址段中选择一个_____作为自己的 IP 地址。

3. 在 Windows Server 2012 R2 的 DHCP 服务器中，根据不同的应用范围划分的不同级别的 DHCP 选项包括_____、_____、_____、_____。

4. 在 Windows Server 2012 R2 环境下，使用_____命令可以查看 IP 地址配置，释放 IP 地址租约使用_____命令，更新 IP 地址租约使用_____命令。

二、选择题

1. 在一个局域网中利用 DHCP 服务器为网络中的所有主机提供动态 IP 地址，DHCP 服务器的 IP 地址为 192.168.2.1/24，在 DHCP 服务器上创建一个作用域 192.168.2.11～200/

24 并激活。在 DHCP 服务器选项中设置 003 为 192.168.2.254，在作用域选项中设置 003 为 192.168.2.253，则网络中租用到 IP 地址 192.168.2.20 的 DHCP 客户机所获得的默认网关应为（　　）。

A. 192.168.2.1　　　　　　　　　B. 192.168.2.254

C. 192.168.2.253　　　　　　　　D. 192.168.2.20

2. 在 DHCP 选项中，不可以设置的是（　　）。

A. DNS 服务器　　　　　　　　　B. DNS 域名

C. WINS 服务器　　　　　　　　D. 计算机名

3. 使用 Windows Server 2012 R2 的 DHCP 服务时，当 DHCP 客户机使用 IP 地址的时间超过租约的 50% 时，DHCP 客户机会向 DHCP 服务器发送（　　）报文，以更新现有的 IP 地址租约。

A. DHCP Discover　　　　　　　B. DHCP Offer

C. DHCP Request　　　　　　　　D. DHCP LACK

4. （　　）命令是用来显示网络适配器的 DHCP 类别信息的。

A. ipconfig/all　　　　　　　　　B. ipconfig/release

C. ipconfig/renew　　　　　　　D. ipconfig/showclassid

三、简答题

1. 动态 IP 地址方案有什么优点和缺点？简述 DHCP 服务的工作过程。

2. 如何配置 DHCP 作用域选项？如何备份与还原 DHCP 数据库？

四、案例分析

1. 某企业用户反映，他的一台计算机从人事部搬到财务部后就不能连接 Internet 了。这是什么原因？应该怎么处理？

2. 某学校因为计算机数量的增加，需要在 DHCP 服务器上添加一个新的作用域。可用户反映 DHCP 客户机并不能从 DHCP 服务器获得新的作用域中的 IP 地址。这可能是什么原因？如何处理？

8.5　实训项目　配置与管理 DHCP 服务器

1. 实训目的

（1）掌握 DHCP 服务器的配置方法。

（2）掌握 DHCP 的用户类别的配置方法。

（3）掌握测试 DHCP 服务器的方法。

2. 项目背景

根据图 8 - 2 所示的环境部署 DHCP 服务。

3. 项目要求

（1）将 DHCP 服务器的 IP 地址池设为 192.168.2.10 ~ 200/24。

（2）将 IP 地址 192. 168. 2. 104/24 预留给需要手工指定 TCP/IP 参数的 DHCP 服务器。

（3）将 192. 168. 2. 100 用作保留地址。

（4）增加一台 DHCP 客户机 win2012 – 3，要使 win2012 – 2 与 win2012 – 3 自动获取的路由器 IP 地址和 DNS 服务器 IP 地址不同。

4. 做一做

根据实训项目录像进行项目的实训，检查学习效果。

项目 9

配置与管理 Web 服务器

✓ 项目背景

WWW（万维网）正在逐步改变全球用户的通信方式，这种新的大众传媒比以往任何一种通信媒体的速度都快，因此受到人们的普遍欢迎。在过去的十几年中，WWW 飞速增长，融入了大量信息，从商品报价到就业机会，从电子公告牌到新闻、电影预告、文学评论以及娱乐等，利用 IIS 建立 Web 服务器、FTP 服务器是目前世界上使用最广泛的手段。

✓ 学习要点

（1）掌握 IIS 的安装与配置方法；
（2）掌握 Web 网站的配置与管理方法；
（3）掌握创建 Web 网站和虚拟主机的方法；
（4）掌握 Web 网站的目录管理方法；
（5）掌握实现安全的 Web 网站的方法；
（6）掌握创建与管理 FTP 服务器的方法。

9.1　相关知识

IIS 提供了基本服务，包括发布信息、传输文件、支持用户通信和更新这些服务所依赖的数据存储。

1. WWW 服务

通过将客户机 HTTP 请求连接到在 IIS 中运行的网站，WWW 服务使 IIS 的最终用户进行 Web 发布。WWW 服务管理 IIS 的核心组件，这些组件处理 HTTP 请求并配置和管理 Web 应用程序。

2. 文件传输协议服务

通过文件传输协议（FTP）服务，IIS 提供对管理和处理文件的完全支持。该服务使用传输控制协议（TCP），这就确保了文件传输的完成和数据传输的准确。该版本的 FTP 支持在站点级别上隔离用户以帮助管理员保护其 Internet 站点的安全并使之商业化。

3. 简单邮件传输协议服务

通过使用简单邮件传输协议（SMTP）服务，IIS 能够发送和接收电子邮件。例如，为确认用户提交表格成功，可以对服务器进行编程以自动发送邮件来响应事件。也可以使用 SMTP 服务接收网站客户反馈的消息。SMTP 不支持完整的电子邮件服务，要提供完整的电子邮件服务，可使用 Microsoft Exchange Server。

4. 网络新闻传输协议服务

可以使用网络新闻传输协议（NNTP）服务主控单个计算机上的 NNTP 本地讨论组。因为该功能完全符合 NNTP，所以用户可以使用任何新闻阅读客户端程序加入新闻组进行讨论。

5. 管理服务

该项功能管理 IIS 配置数据库，并为 WWW 服务、FTP 服务、SMTP 服务和 NNTP 服务更新 Microsoft Windows 操作系统注册表。配置数据库用来保存 IIS 的各种配置参数。IIS 管理服务对其他应用程序公开配置数据库，这些应用程序包括 IIS 核心组件、在 IIS 上建立的应用程序以及独立于 IIS 的第三方应用程序（如管理或监视工具）。

9.2　项目设计与准备

在架设 Web 服务器之前，需要了解本项目的部署要求和部署环境。

1. 部署要求

（1）设置 Web 服务器的 TCP/IP 属性，手工指定 IP 地址、子网掩码、默认网关和 DNS 服务器等；

（2）部署域环境，域名为"long. com"。

2. 部署环境

本项目的所有实例被部署在一个域环境下，域名为"long. com"。其中 Web 服务器主机名为"win2012 – 1"，其本身也是域控制器和 DNS 服务器，IP 地址为 192. 168. 10. 1。Web 客户机主机名为"win2012 – 2"，其本身是域成员服务器，IP 地址为 192. 168. 10. 2。网络拓扑如图 9 – 1 所示。

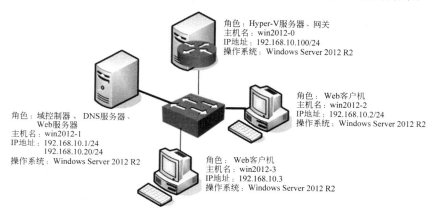

图 9 – 1　架设 Web 服务器网络拓扑

9.3　项目实施

任务9-1　安装 Web 服务器角色

在计算机 win2012-1 上通过"服务器管理器"安装 Web 服务器角色，具体步骤如下：

STEP 1 选择"开始"→"管理工具"→"服务器管理器"→"仪表板"→"添加角色和功能"命令，持续单击"下一步"按钮，直到出现图9-2所示的"选择服务器角色"窗口，勾选"Web 服务器（IIS）"复选框，单击"添加功能"按钮。

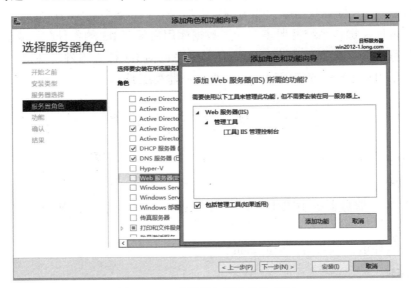

图9-2　"选择服务器角色"窗口

提　示

如果在前面安装某些角色时，安装了功能和部分Web角色，界面将稍有不同，这时注意选择"FTP服务器"和"安全性"→"IP地址和域限制"选项。

STEP 2 持续单击"下一步"按钮，直到出现图9-3所示的"选择角色服务"窗口。将"安全性"下的选项全部选中，同时选择"FTP服务器"选项。

STEP 3 单击"安装"按钮开始安装 Web 服务器角色。安装完成后，显示"安装结果"窗口，单击"关闭"按钮完成安装。

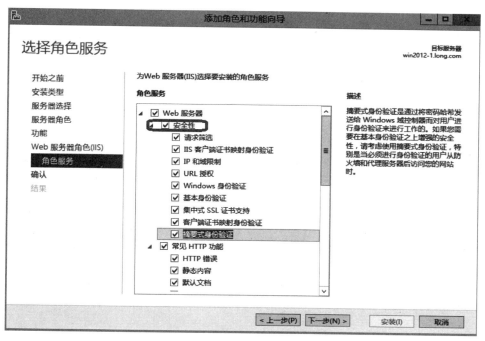

图9-3　"选择角色服务"窗口

提　示

在此选择"FTP服务器"选项，则在安装Web服务器角色的同时，也安装了FTP服务器角色。建议将"角色服务"各选项全部进行安装，特别是身份验证方式。如果"角色服务"各选项安装不完全，后面进行有关网站安全的实训时，会有部分功能不能使用。

安装完Web服务器角色以后，还应对该Web服务器进行测试，以检测网站是否正确安装并运行。在局域网中的一台计算机（本任务中为win2012-2）上，通过IE浏览器打开以下3种格式的地址进行测试：

（1）DNS域名地址（延续前面的DNS设置）：http://win2012-1. long. com/。

（2）IP地址：http://192. 168. 10. 1/。

（3）计算机名：http://win2012-1/。

如果Web服务器角色安装成功，则会在IE浏览器中显示图9-4所示的网页。如果没有显示该网页，检查Web服务器角色是否出现问题或重新启动Web服务器角色，也可以删除Web服务器角色重新安装。

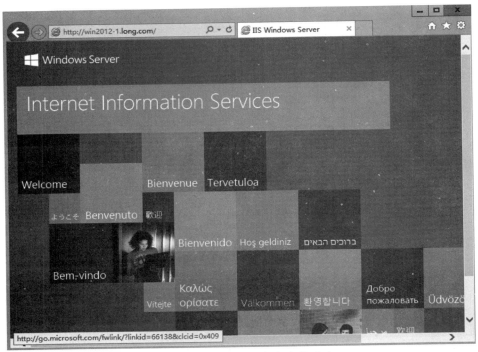

图9-4　Web服务器角色安装成功

任务9-2　创建Web网站

在Web服务器上创建一个新网站"Test Web"，使用户在客户机上能通过IP地址和域名进行访问。

1. 创建使用IP地址访问的Web网站

创建使用IP地址访问的Web网站的具体步骤如下。

1）停止默认网站（Default Web Site）

以域管理员账户登录Web服务器，打开"开始"→"管理工具"→"Internet Information Services（IIS）管理器"控制台。在控制台目录树中依次展开服务器和"网站"节点。用鼠标右键单击"Default Web Site"，在弹出的快捷菜单中选择"管理网站"→"停止"命令，即可停止正在运行的默认网站，如图9-5所示。停止后默认网站的状态显示为"已停止"。

2）准备Web网站内容

在C盘上创建文件夹"C:\web"作为网站的主目录，并在其中存放网页"index.htm"作为网站主页（Home Page），网站主页可以用记事本或Dreamweaver软件编写。

3）创建Web网站

STEP 1 在"Internet Information Services（IIS）管理器"控制台目录树中，展开服务器节点，右键单击"网站"，在弹出的快捷菜单中选择"添加网站"命令，打开"添加网站"对话框。在该对话框中可以指定网站名称、应用程序池、网站内容目录、传递身份验

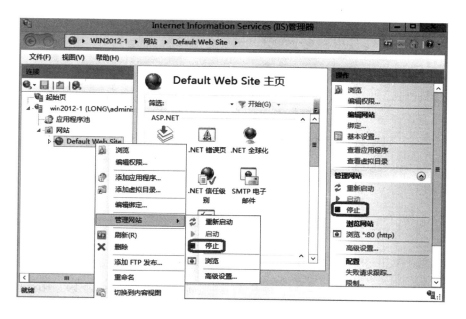

图9-5 停止默认网站

证、网站类型、IP地址、端口号、主机名以及是否启动网站。在此设置网站名称为"Test Web"，物理路径为"C:\web"，类型为"http"，IP地址为"192.168.10.1"，默认端口号为"80"，如图9-6所示。单击"确定"按钮，完成Web网站的创建。

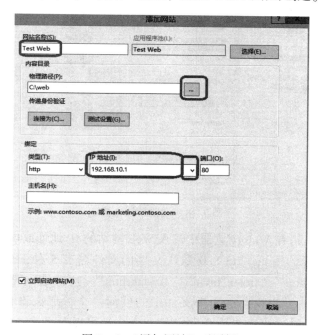

图9-6 "添加网站"对话框

STEP 2 返回"Internet Information Services（IIS）管理器"控制台，可以看到刚才所创建的网站已经启动，如图9-7所示。

图9-7 "Test Web"网站已经启动

STEP 3 在客户机 win2012-2 上打开 IE 浏览器,输入"http://192.168.10.1"就可以访问刚才建立的网站了。

特别注意:在图9-7中,双击右侧视图中的"默认文档",打开图9-8所示的"默认文档"窗口,可以对默认文档进行添加、删除及更改顺序的操作。

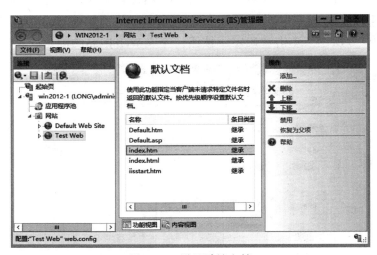

图9-8 设置默认文档

所谓默认文档,是指在 Web 浏览器中输入 Web 网站的 IP 地址或域名即显示出来的 Web 页面,也就是通常所说的主页。IIS 8.0 默认文档的文件名有5种,分别为"Default. htm""Default. asp""Index. htm""Index. html""IISstar. htm"。这也是一般网站中最常用的主页文件名。如果 Web 网站无法找到这5个文件中的任何一个,那么将在 Web 浏览器上显示"该页无法显示"的提示。默认文档既可以是一个,也可以是多个。当设置多个默认文档时,IIS 将按照排列的前后顺序依次调用这些文档。当第一个文档存在时,将直接把它显示在用户的 IE 浏览器上,而不再调用后面的文档;当第一个文档不存在时,则将第二个文件显示给用户,依此类推。

思考与实践：由于本任务中网站主页的文件名为"index. htm"，所以在客户端计算机的IE浏览器中直接输入 IP 地址即可浏览网站。如果网站主页的文件名不在列出的 5 个默认文档中，该如何处理？请读者试着做一下。

　　2. 创建使用域名访问的 Web 网站

　　创建使用域名 www. long. com 访问的 Web 网站，具体步骤如下：

　　STEP 1　在 win2012 - 1 上打开"DNS 管理器"控制台，依次展开服务器和"正向查找区域"节点，单击区域"long. com"。

　　STEP 2　创建别名记录。用鼠标右键单击区域"long. com"，在弹出的快捷菜单中选择"新建别名"命令，出现"新建资源记录"对话框。在"别名"文本框中输入"www"，在"目标主机的完全合格的域名（FQDN）"文本框中输入"win2012 - 1. long. com"。

　　STEP 3　单击"确定"按钮，别名创建完成。

　　STEP 4　在客户机 win2012 - 2 上打开 IE 浏览器，输入"http://www. long. com"就可以访问刚才建立的网站。

 注意

　　保证客户端计算机 win2012 - 2 的 DNS 服务器的地址是 192. 168. 10. 1。

任务 9 - 3　管理 Web 网站的目录

　　在 Web 网站中，Web 内容文件都会保存在一个或多个目录树下，包括 HTML 内容文件、Web 应用程序和数据库等，甚至有的会保存在多个计算机上的多个目录中。因此，为了使其他目录中的内容和信息也能够通过 Web 网站发布，可以创建虚拟目录。当然，也可以在物理目录下直接创建目录来管理内容。

　　1. 虚拟目录与物理目录

　　在 Internet 上浏览网页时，经常会看到一个网页中有许多子目录，这就是虚拟目录。虚拟目录只是一个文件夹，并不一定包含于主目录内，但在浏览 Web 站点的用户看来，它就像位于主目录中一样。

　　对于任何一个网站，都需要使用目录来保存文件，即可以将所有的网页及相关文件都存放到网站的主目录之下，也就是在主目录之下建立文件夹，然后将文件放到这些子文件夹内，这些文件夹也称为物理目录。也可以将文件保存到其他物理文件夹内，如本地计算机或其他计算机的文件夹内，然后通过虚拟目录映射到这个文件夹，每个虚拟目录都有一个别名。虚拟目录的好处是在不需要改变别名的情况下，可以随时改变其对应的文件夹。

　　在 Web 网站中，默认发布主目录中的内容。但如果要发布其他物理目录中的内容，就需要创建虚拟目录。虚拟目录也就是网站的子目录，每个网站都可能有多个子目录，不同的子目录内容不同，在磁盘中会用不同的文件夹存放不同的文件，例如用 BBS 文件夹存放论坛程序、用"image"文件夹存放网站图片等。

2. 创建虚拟目录

在 www. long. com 对应的网站上创建一个名为 "BBS" 的虚拟目录，其路径为本地磁盘中的 "C:\MY_BBS" 文件夹，该文件夹下有一个文档 "index. htm"。具体创建过程如下：

STEP 1 以域管理员身份登录 win2012 – 1。在 "Internet Information Services（IIS）管理器" 控制台中，展开左侧的 "网站" 目录树，选择要创建虚拟目录的网站 "Test Web"，单击鼠标右键，在弹出的快捷菜单中选择 "添加虚拟目录" 命令，显示虚拟目录创建向导。利用该向导可为该虚拟网站创建不同的虚拟目录。

STEP 2 在 "别名" 文本框中设置虚拟目录的别名，本任务中为 "BBS"，用户用该别名连接虚拟目录。该别名必须唯一，不能与其他网站或虚拟目录重名。在 "物理路径" 文本框中输入该虚拟目录的文件夹路径，或单击 "浏览" 按钮进行选择，本任务中为 "C:\MY_BBS"。这里既可使用本地计算机上的路径，也可以使用网络中的文件夹路径。设置完成后如图 9 – 9 所示。

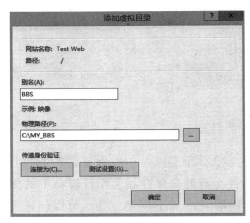

图 9 – 9 "添加虚拟目录" 对话框

STEP 3 用户在客户机 win2012 – 2 上打开 IE 浏览器，输入 "http://www. long. com/bbs" 就可以访问 "C:\MY_BBS" 里的默认网站。

任务 9 – 4   管理 Web 网站的安全

Web 网站安全的重要性是由 Web 应用的广泛性和 Web 在网络信息系统中的重要地位决定的。尤其是当 Web 网站中的信息非常敏感，只允许特殊用户浏览时，数据的加密传输和用户的授权就成为网络安全的重要组成部分。

1. Web 网站身份验证简介

Web 网站身份验证是验证客户机访问 Web 网站身份的行为。一般情况下，客户机必须提供某些证据，一般称为凭据，以证明其身份。

通常，凭据包括用户名和密码。Internet Information Serviecs（IIS）和 ASP. NET 都提供如下几种身份验证方式：

（1）匿名身份验证。允许网络中的任意用户进行访问，不需要使用用户名和密码登录。

（2）ASP. NET 模拟。如果要在非默认安全上下文中运行 ASP. NET 应用程序，可使用 ASP. NET 模拟身份验证。如果对某个 ASP. NET 应用程序启用了模拟，那么该应用程序可以运行在以下两种不同的上下文中：作为通过 IIS 身份验证的用户或作为用户设置的任意账户。例如，如果要使用的是匿名身份验证，并选择作为已通过身份验证的用户运行 ASP. NET 应用程序，那么该应用程序将在为匿名用户设置的账户（通常为 IUSR）下运行。同样，如果选择在任意账户下运行 ASP. NET 应用程序，则它将运行在为该账户设置的任意安全上下文中。

（3）基本身份验证。需要用户输入用户名和密码，然后以明文方式通过网络将这些信息传送到服务器，经过验证后方可访问网站。

（4）Forms 身份验证。使用客户机重定向将未经过身份验证的用户重定向至一个 HTML 表单，用户可在该表单中输入凭据，通常是用户名和密码。确认凭据有效后，系统将用户重定向至它们最初请求的页面。

（5）Windows 身份验证。使用哈希技术标识用户，而不通过网络实际发送密码。

（6）摘要式身份验证。与基本身份验证非常类似，所不同的是将密码作为哈希值发送。摘要式身份验证仅用于 Windows 域控制器的域。

使用这些方法可以确认任何请求访问网站的用户的身份，以及授予访问站点公共区域的权限，同时又可防止未经授权的用户访问专用文件和目录。

2. 禁止使用匿名账户访问 Web 网站

设置 Web 网站安全，使所有用户不能匿名访问 Web 网站，而只能以 Windows 身份验证方式访问。具体步骤如下。

1）禁用匿名身份验证方式

STEP 1 以域管理员身份登录 win2012 – 1。在"Internet Information Services（IIS）管理器"控制台中，展开左侧的"网站"目录树，单击网站"Test Web"，在"功能视图"界面中找到"身份验证"选项，并双击打开，可以看到"Test Web"网站默认启用"匿名身份验证"，也就是说，任何人都能访问"Test Web"网站，如图 9 – 10 所示。

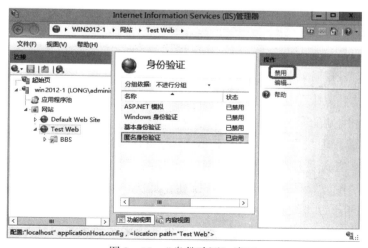

图 9 – 10 "身份验证"窗口

STEP 2 选择"匿名身份验证"选项，然后单击"操作"窗口中的"禁用"按钮，即可禁用匿名身份验证方式。

2）启用 Windows 身份验证方式

在图 9 - 10 所示的"身份验证"窗口中，选择"Windows 身份验证"选项，然后单击"操作"窗口中的"启用"按钮，即可启用该身份验证方式。

3）在客户机 win2012 - 2 上测试

在客户机 win2012 - 2 上打开 IE 浏览器，输入"http://www.long.com/"访问网站，弹出图 9 - 11 所示的"Windows 安全"对话框，输入能被 Web 网站进行身份验证的用户名和密码，在此输入用户名"yangyun"和密码，然后单击"确定"按钮即可访问 Web 网站。（打开 Web 网站的目录属性，单击"安全"选项卡，设置特定用户，比如用户 yangyun 有读取、列文件目录和运行权限。）

提　示

本任务中对用户 yangyun 应该设置适当的 NTFS 权限，为方便后面的网站设置工作，将网站访问改为匿名后继续进行。

图 9 - 11　"Windows 安全"窗口

3. 限制访问 Web 网站的客户机数量

设置限制连接数以限制访问 Web 网站的客户机数量为 1，具体步骤如下。

1）设置 Web 网站的限制连接数

STEP 1 以域管理员账户登录 Web 服务器，打开"Internet Information Services（IIS）管理器"控制台，依次展开服务器和"网站"节点，单击网站"Test Web"，然后在"操作"窗口中单击"配置"区域的"限制"按钮，如图 9 - 12 所示。

STEP 2 在打开的"编辑网站限制"对话框中，勾选"限制连接数"复选框，并设置限制连接数为"1"，最后单击"确定"按钮即可完成限制连接数的设置，如图 9 - 13 所示。

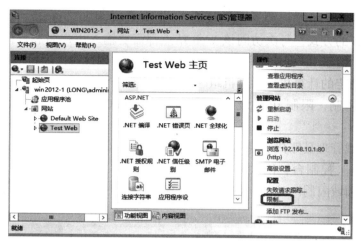

图9-12　"Internet Information Services（IIS）管理器"控制台

2）在客户机上测试限制连接数

STEP 1 在客户机win2012-2上打开IE浏览器，输入"http://www.long.com/"访问网站，访问正常。

STEP 2 打开虚拟机win2012-3，其IP地址为192.168.10.3/24，DNS服务器的IP地址为192.168.10.1。

STEP 3 在虚拟机win2012-3上打开IE浏览器，输入"http://www.long.com/"访问网站，显示图9-14所示的页面，表示超过网站限制连接数。（关闭win2012-2上的IE浏览器后，刷新该网站又会怎样？读者不妨试一试。）

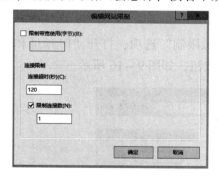

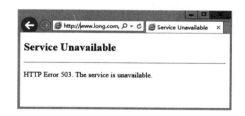

图9-13　设置限制连接数　　　图9-14　访问Web网站时超过网站限制连接数

4. 设置限制带宽使用以限制客户机访问Web网站

STEP 1 参照"3. 限制访问Web网站的客户机数量"，在图9-13所示的对话框中，勾选"限制带宽使用（字节）"复选框，并设置要限制的带宽数为1 024。最后单击"确定"按钮，即可完成限制带宽使用的设置。

STEP 2 在win2012-2上打开IE浏览器，输入"http://www.long.com"，发现网速非常慢，这是因为设置了限制带宽使用。

5. 设置 IP 地址限制以限制客户机访问 Web 网站

使用用户验证的方式，每次访问该 Web 站点都需要输入用户名和密码，这对于授权用户而言比较麻烦。由于 IIS 会检查每个来访者的 IP 地址，因此可以通过限制 IP 地址的访问，拒绝或允许某些特定的计算机、计算机组、域，甚至整个网络访问 Web 站点。

设置 IP 地址限制，限制 IP 地址范围为 192.168.10.0/24 的客户端计算机访问 Web 网站，具体步骤如下：

STEP 1 以域管理员账户登录 Web 服务器 win2012 – 1，打开 "Internet Information Services（IIS）管理器" 控制台，依次展开服务器和 "网站" 节点，然后在 "功能视图" 界面中找到 "IP 地址和域限制" 选项，如图 9 – 15 所示。

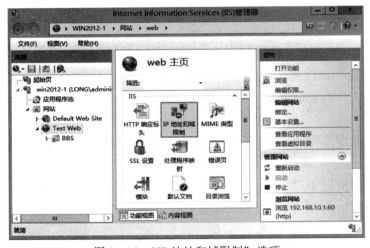

图 9 – 15 "IP 地址和域限制" 选项

STEP 2 双击 "功能视图" 界面中的 "IP 地址和域限制" 选项，打开 "IP 地址和域限制" 窗口，单击 "操作" 窗口中的 "添加拒绝条目" 按钮，如图 9 – 16 所示。

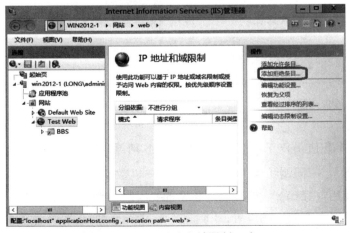

图 9 – 16 "IP 地址和域限制" 窗口

STEP 3 在打开的 "添加拒绝限制规则" 对话框中，选择 "IP 地址范围" 选项，并设置要拒绝的 IP 地址范围，如图 9 – 17 所示。最后单击"确定"按钮，完成 IP 地址限制的设置。

STEP 4 在 win2012 – 2 和 win2012 – 3 上，打开 IE 浏览器，输入"http：//www. long. com"，这时客户机不能访问 Web 网站，显示"403 – 禁止访问：访问被拒绝"，说明客户机的 IP 地址在被拒绝访问 Web 网站的范围内，如图 9 – 18 所示。

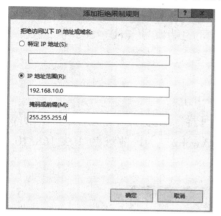

图 9 – 17 "添加拒绝限制规则"对话框

图 9 – 18 访问被拒绝

任务 9 – 5 架设多个 Web 网站

使用 IIS 8.0 的虚拟主机技术，通过分配 TCP 端口、IP 地址和主机名，可以在一台服务器上建立多个虚拟 Web 网站。每个网站都具有唯一的，由端口号、IP 地址和主机名 3 部分组成的网站标识，用来接收来自客户端的请求。不同的 Web 网站可以提供不同的 Web 服务，而且每一个虚拟主机和一台独立的主机完全一样。这种方式适用于企业或组织需要创建多个网站的情况，可以节省成本。

不过，这种虚拟技术将一个物理主机分割成多个逻辑上的虚拟主机使用，虽然能够节省经费，对于访问量较小的网站来说比较经济实惠，但由于这些虚拟主机共享这台服务器的硬件资源和带宽，在访问量较大时就容易出现资源不够用的情况。

可以通过以下 3 种方式架设多个 Web 网站：

（1）使用不同的 IP 地址架设多个 Web 网站；

（2）使用不同的端口号架设多个 Web 网站；

（3）使用不同的主机名架设多个 Web 网站。

在创建一个 Web 网站时，要根据企业本身现有的条件，如投资的多少、IP 地址的多少、网站性能的要求等，选择不同的虚拟主机技术。

1. 使用不同的端口号架设多个 Web 网站

如今 IP 地址资源越来越紧张，有时需要在 Web 服务器上架设多个 Web 网站，但计算机却只有一个 IP 地址，这时该怎么办呢？此时，利用这一个 IP 地址，使用不同的端口号也可以达到架设多个 Web 网站的目的。

其实，用户访问所有的网站都需要使用相应的 TCP 端口。不过，Web 服务器默认的 TCP 端口为 80，在用户访问时不需要输入。但如果 Web 网站的 TCP 端口不为 80，在输入网址时就必须添加端口号，而且用户在上网时也会经常遇到必须使用端口号才能访问网站的情况。利用 Web 服务的这个特点，可以架设多个 Web 网站，每个 Web 网站均使用不同的端口号。用这种方式创建的网站，其域名或 IP 地址部分完全相同，仅端口号不同。用户在使用网址访问时，必须添加相应的端口号。

在同一台 Web 服务器上使用同一个 IP 地址、两个不同的端口号（80、8080）创建两个 Web 网站，具体步骤如下。

1）创建第 2 个 Web 网站

STEP 1 以域管理员账户登录 Web 服务器 win2012 – 1 上。

STEP 2 在"Internet Information Services（IIS）管理器"控制台中，创建第 2 个 Web 网站，网站名称为"web2"，内容目录物理路径为"C：\web2"，IP 地址为 192.168.10.1，端口号是 8080，如图 9 – 19 所示。

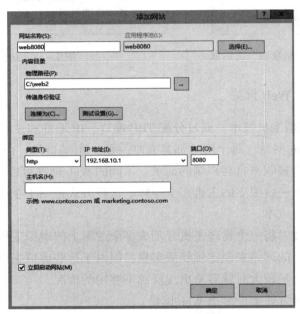

图 9 – 19 "添加网站"对话框

2）在客户机上访问两个 Web 网站

在 win2012 – 2 上打开 IE 浏览器，分别输入"http：//192.168.10.1"和"http：//192.168.10.1：8080"，这时会发现打开了两个不同的 Web 网站"Test Web"和"web2"。

提　　示
如果在访问 web2 时出现不能访问的情况，请检查防火墙，最好将全部防火墙（包括域的防火墙）关闭。后面类似问题不再说明。

2. 使用不同的主机名架设多个 Web 网站

使用 www. long. com 访问第 1 个 Web 网站，使用 www1. long. com 访问第 2 个 Web 网站，具体步骤如下。

1）在区域 long. com 上创建别名记录

STEP 1 以域管理员账户登录 Web 服务器 win2012 – 1。

STEP 2 打开"DNS 管理器"控制台，依次展开服务器和"正向查找区域"节点，单击区域"long. com"。

STEP 3 创建别名记录。用鼠标右键单击区域"long. com"，在弹出的快捷菜单中选择"新建别名"命令，出现"新建资源记录"对话框。在"别名"文本框中输入"www1"，在"目标主机的完全合格的域名（FQDN）"文本框中输入"win2012 – 1. long. com"。

STEP 4 单击"确定"按钮，别名记录创建完成，如图 9 – 20 所示。

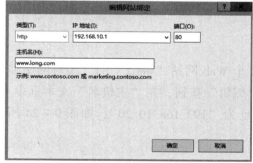

图 9 – 20 DNS 配置结果

2）设置 Web 网站的主机名

STEP 1 以域管理员账户登录 Web 服务器，打开第 1 个 Web 网站"Test Web"的"编辑网站绑定"对话框，选中"192. 168. 10. 1"地址行，单击"编辑"按钮，在"主机名"文本框中输入"www. long. com"，端口为"80"，IP 地址为"192. 168. 10. 1"，如图 9 – 21 所示。最后单击"确定"按钮即可。

STEP 2 打开第 2 个 Web 网站"web2"的"编辑网站绑定"对话框，选中"192. 168. 10. 1"地址行，单击"编辑"按钮，在"主机名"文本框中输入"www1. long. com"，端口为"80"，IP 地址为"192. 168. 10. 1"，如图 9 – 22 所示。最后单击"确定"按钮即可。

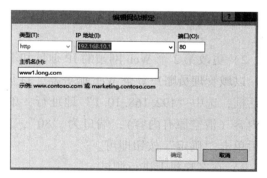

图 9 – 21 设置第 1 个 Web 网站的主机名   图 9 – 22 设置第 2 个 Web 网站的主机名

3）在客户机上访问两个 Web 网站

在 win2012 – 2 上，保证 DNS 首要地址是 192. 168. 10. 1。打开 IE 浏览器，分别输入"http：//www. long. com"和"http：//www1. long. com"，这时会发现打开了两个不同的网站"Test Web"和"web2"。

3. 使用不同的 IP 地址架设多个 Web 网站

如果要在一台 Web 服务器上创建多个 Web 网站，为了使每个网站域名都能对应独立的 IP 地址，一般使用多个 IP 地址来实现。这种方案称为 IP 虚拟主机技术，也是比较传统的解决方案。当然，为了使用户在浏览器中可使用不同的域名访问不同的 Web 网站，必须将主机名及其对应的 IP 地址添加到 DNS。如果使用此方法在 Internet 上维护多个 Web 网站，需要通过 InterNIC 注册域名。

要使用多个 IP 地址架设多个 Web 网站，首先需要在一台服务器上绑定多个 IP 地址。而 Windows 2008 及 Windows Server 2012 R2 系统均支持在一台服务器上安装多块网卡，一张网卡可以绑定多个 IP 地址。再将这些 IP 地址分配给不同的虚拟网站，就可以达到一台服务器利用多个 IP 地址架设多个 Web 网站的目的。例如，要在一台服务器上创建两个 Web 网站——Linux. long. com 和 Windows. long. com，所对应的 IP 地址分别为 192. 168. 10. 1 和 192. 168. 10. 20，需要在服务器网卡中添加这两个地址。具体步骤如下。

1）在 win2012 - 1 上添加第 2 个 IP 地址

STEP 1 以域管理员账户登录 Web 服务器，用鼠标右键单击桌面右下角任务托盘区域的网络连接图标，选择快捷菜单中的"打开网络和共享中心"选项，打开"网络和共享中心"窗口。

STEP 2 单击"本地连接"，打开"本地连接状态"对话框。

STEP 3 单击"属性"按钮，显示"本地连接属性"对话框。Windows Server 2012 R2 中包含 IPv6 和 IPv4 两个版本的 Internet 协议，并且默认都已启用。

STEP 4 在"此连接使用下列项目"选项框中选择"Internet 协议版本 4（TCP/IP）"选项，单击"属性"按钮，显示"Internet 协议版本 4（TCP/IPv4）属性"对话框。单击"高级"按钮，打开"高级 TCP/IP 设置"对话框。

STEP 5 单击"添加"按钮，出现"TCP/IP"对话框，在该对话框中输入 IP 地址"192. 168. 10. 20"，子网掩码为"255. 255. 255. 0"，单击"确定"按钮，完成设置，如图 9 - 23 所示

2）更改第 2 个 Web 网站的 IP 地址和端口号

以域管理员账户登录 Web 服务器，打开第 2 个 Web 网站"web2"的"编辑网站绑定"对话框，选中"192. 168. 10. 1"地址行，单击"编辑"按钮，在"主机名"文本框中不输入内容（清空原有内容），端口为"80"，IP 地址为"192. 168. 10. 20"，如图 9 - 24 所示。最后单击"确定"按钮即可。

3）在客户机上进行测试

在 win2012 - 2 上打开 IE 浏览器，分别输入"http://192. 168. 10. 1"和"http://192. 168. 10. 20"，这时会发现打开了两个不同的 Web 网站"Test Web"和"web2"。

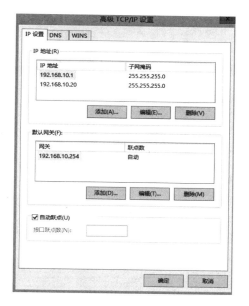

图9-23 "高级 TCP/IP 设置"对话框   图9-24 "编辑网站绑定"对话框

9.4 习题

一、填空题

1. 微软 Windows Server 2012 R2 家族的 Internet Information Services（IIS）在_____、_____或_____上提供了集成、可靠、可伸缩、安全和可管理的 Web 服务器功能，为动态网络应用程序创建强大的通信平台的工具。

2. Web 网站的目录分为两种类型：_____和_____。

二、简答题

1. 简述架设多个 Web 网站的方法。

2. IIS 8.0 提供的服务有哪些?

3. 什么是虚拟主机?

9.5 实训项目 配置与管理 Web 服务器

1. **实训目的**

掌握 Web 服务器的配置方法。

2. **项目背景**

根据图 9-1 所示的环境部署 Web 服务器。

3. **项目要求**

根据网络拓扑（见图 9-1）完成如下任务：

（1）安装 Web 服务器；

（2）创建 Web 网站；

（3）管理 Web 网站目录；

（4）管理 Web 网站的安全；

（5）管理 Web 网站的日志；

（6）架设多个 Web 网站。

4. 做一做

根据实训项目录像进行项目的实训，检查学习效果。

项目 10

配置与管理 FTP 服务器

✓ **项目背景**

FTP（File Transfer Protocol）是用来在两台计算机之间传输文件的通信协议，这两台计算机中，一台是 FTP 服务器，一台是 FTP 客户机。FTP 客户机可以从 FTP 服务器下载文件，也可以将文件上传到 FTP 服务器。

✓ **学习要点**

（1）掌握 FTP 的基本知识；
（2）掌握安装 FTP 服务器的方法；
（3）掌握创建虚拟目录的方法；
（4）掌握创建虚拟机的方法；
（5）掌握配置与使用客户机的方法；
（6）掌握配置域环境下隔离 FTP 服务器的方法。

10.1　相关知识

以 HTTP 为基础的 WWW 服务功能虽然强大，但对于文件传输来说却略显不足。一种专门用于文件传输的服务 FTP 服务应运而生。

FTP 服务就是文件传输服务，它具备更强的文件传输可靠性和更高的效率。

10.1.1　FTP 的工作原理

FTP 大大降低了文件传输的复杂性，它能够使文件通过网络从一台计算机传输到另外一台计算机而不受计算机和操作系统类型的限制。无论是 PC、服务器、大型机，还是 IOS、Linux、Windows 操作系统，只要双方都支持协议 FTP，就可以方便、可靠地进行文件的传输。

FTP 服务的工作过程如图 10 - 1 所示。

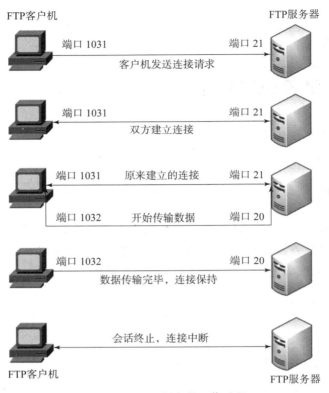

图 10-1 FTP 服务的工作过程

（1）FTP 客户机向 FTP 服务器发出连接请求，同时 FTP 客户机系统动态地打开一个大于 1024 的端口等候 FTP 服务器连接（比如 1031 端口）。

（2）若 FTP 服务器在端口 21 侦听到该请求，在 FTP 客户机的 1031 端口和 FTP 服务器的 21 端口之间则会建立起一个 FTP 会话连接。

（3）当需要传输数据时，FTP 客户机再动态地打开一个大于 1024 的端口（比如 1032 端口）连接到 FTP 服务器的 20 端口，并在这两个端口之间进行数据传输。数据传输完毕后，这两个端口会自动关闭。

（4）当 FTP 客户机断开与 FTP 服务器的连接时，FTP 客户机上动态分配的端口将自动释放。

10.1.2 匿名用户

FTP 服务不同于 WWW 服务，它首先要求登录 FTP 服务器，然后再进行数据传输，这对于很多公开提供软件下载的服务器来说十分不便，于是匿名用户访问就诞生了。通过使用共同的用户名 anonymous，密码不限的管理策略（一般使用用户的邮箱作为密码即可），任何用户都可以很方便地从 FTP 服务器上下载文件。

10.2　项目设计与准备

在架设 FTP 服务器之前，需要了解本项目实例的部署要求和部署环境。

1. 部署要求

（1）设置 FTP 服务器的 TCP/IP 属性，手工指定 IP 地址、子网掩码、默认网关和 DNS 服务器等；

（2）部署域环境，域名为"long. com"。

2. 部署环境

本项目所有实例被部署在一个域环境下，域名为"long. com"。其中 FTP 服务器主机名为"win2012 – 1"，其本身也是域控制器和 DNS 服务器，IP 地址为 192. 168. 10. 1。FTP 客户机主机名为"win2012 – 2"，其本身是域成员服务器，IP 地址为 192. 168. 10. 2。网络拓扑如图 10 – 2 所示。

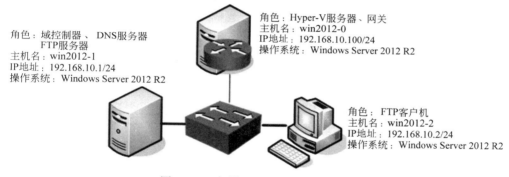

图 10 – 2　架设 FTP 服务器网络拓扑

10.3　项目实施

任务 10 – 1　创建和访问 FTP 站点

在任务 9 – 1 中，在计算机 win2012 – 1 上通过"服务器管理器"安装 Web 服务器（IIS）角色，同时也安装了 FTP 服务器角色。

在 FTP 服务器上创建一个新网站"ftptest"，使用户在客户机上能通过 IP 地址和域名进行访问。

1. 创建使用 IP 地址访问的 FTP 站点

创建使用 IP 地址访问的 FTP 站点的具体步骤如下。

1）准备 FTP 主目录

在 C 盘上创建文件夹"C：\ ftp"作为 FTP 主目录，并在其文件夹中存放一个文件

"ftile1. txt",供用户在客户机上进行下载和上传测试。

2)创建 FTP 站点

STEP 1 在"Internet Information Services(IIS)管理器"控制台目录树中,用鼠标右键单击服务器"win2012-1",在弹出的快捷菜单中选择"添加 FTP 站点"命令,如图 10-3 所示,打开"添加 FTP 站点"对话框。

STEP 2 在"FTP 站点名称"文本框中输入"ftp test",物理路径为"C:\ftp",如图 10-4 所示。

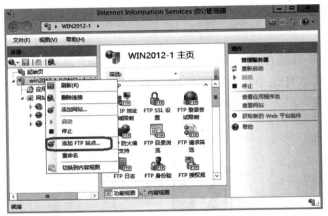

图 10-3 选择"添加 FTP 站点"命令

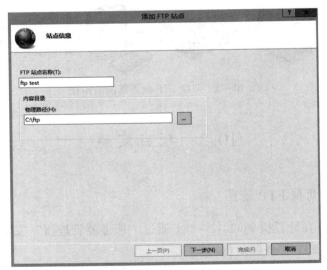

图 10-4 "添加 FTP 站点"对话框

STEP 3 单击"下一步"按钮,打开图 10-5 所示的"绑定和 SSL 设置"窗口,在"IP 地址"文本框中输入"192.168.10.1",端口为"21",在"SSL"选项区中选择"无 SSL"选项。

STEP 4 单击"下一步"按钮,打开图 10-6 所示的"身份验证和授权信息"窗口,输入相应信息。本任务允许匿名访问,也允许特定用户访问。

> **注意**
>
> 访问 FTP 服务器主目录的最终权限由此处的权限与用户对 FTP 主目录的 NTFS 权限共同作用，哪个严格取哪个。

3）测试 FTP 站点

用户在客户机 win2012 - 2 上打开 IE 浏览器或资源管理器，输入 "ftp://192.168.10.1" 就可以访问刚才建立的 FTP 站点。

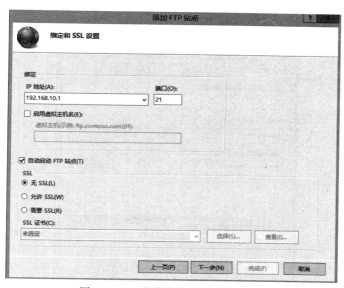

图 10 - 5　"绑定和 SSL 设置" 窗口

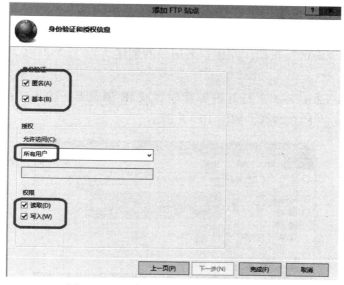

图 10 - 6　"身份验证和授权信息" 窗口

2. 创建使用域名访问的 FTP 站点

创建使用域名访问的 FTP 站点的具体步骤如下。

1) 在 DNS 区域中创建别名

STEP 1 以域管理员账户登录 DNS 服务器 win2012 – 1，打开"DNS 管理器"控制台，在控制台目录树中依次展开服务器和"正向查找区域"节点，然后用鼠标右键单击区域"long. com"，在弹出的快捷菜单中选择"新建别名"命令，打开"新建资源记录"对话框。

STEP 2 在"别名"文本框中输入别名"ftp"，在"目标主机的完全合格的域名（FQDN）"文本框中输入 FTP 服务器的完全合格域名，在此输入"win2012 – 1. long. com"，如图 10 – 7 所示。

图 10 – 7 "新建资源记录"对话框

STEP 3 单击"确定"按钮，完成别名记录的创建。

2) 测试 FTP 站点

用户在客户机 win2012 – 2 上打开资源管理器或 IE 浏览器，输入"ftp://ftp. long. com"就可以访问刚才建立的 FTP 站点，如图 10 – 8 所示。

图 10 – 8 使用域名访问 FTP 站点

任务 10 – 2　创建虚拟目录

使用虚拟目录可以在服务器硬盘上创建多个物理目录，或者引用其他计算机上的主目录，从而为不同上传或下载服务的用户提供不同的目录，并且可以为不同的目录分别设置不同的权限，如"读取""写入"等。使用 FTP 虚拟目录时，由于用户不知道文件的具体存储位置，文件存储更加安全。

在 FTP 站点上创建虚拟目录"xunimulu"的具体步骤如下。

1. 准备虚拟目录内容

以域管理员账户登录 DNS 服务器 win2012 – 1，创建文件夹"C:\xuni"，作为 FTP 虚拟目录的主目录，在该文件夹中存入一个文件"test. txt"供用户在客户机上下载。

2. 创建虚拟目录

STEP 1 在"Internet Information Services（IIS）管理器"控制台目录树中，依次展开 FTP 服务器和"FTP 站点"，用鼠标右键单击刚才创建的站点"ftp"，在弹出的快捷菜单中选择"添加虚拟目录"命令，打开"添加虚拟目录"对话框。

STEP 2 在"别名"文本框中输入"xunimulu"，在"物理路径"文本框中输入"C:\xuni"，如图 10 – 9 所示。

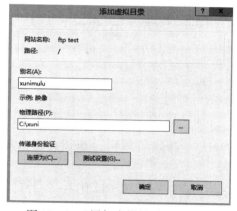

图 10 – 9　"添加虚拟目录"对话框

3. 测试 FTP 站点的虚拟目录

用户在客户机 win2012 – 2 上打开文件资源管理器或 IE 浏览器，输入"ftp://ftp. long. com/xunimulu"或者"ftp://192. 168. 10. 1/xunimulu"就可以访问刚才建立的 FTP 站点的虚拟目录。

特别提示：在各种服务器的配置中，要时刻注意账户的 NTFS 权限，避免由于 NTFS 权限设置不当而无法完成相关配置，同时注意防火墙的影响。

任务 10 – 3　安全设置 FTP 服务器

FTP 服务的配置和 Web 服务相比简单得多，主要是站点的安全性设置，包括指定不同的授权用户，如允许不同权限的用户访问、允许来自不同 IP 地址的用户访问，或限制不同 IP 地址的不同用户的访问等。和 Web 站点一样，FTP 服务器也要设置 FTP 站点的主目录和性能等。

1. 设置 IP 地址和端口

STEP 1 在"Internet Information Services（IIS）管理器"控制台目录树中，依次展开 FTP 服务器，选择 FTP 站点"ftptest"，然后单击"操作"界面中的"绑定"按钮，弹出"网站绑定"对话框，如图 10 – 10 所示。

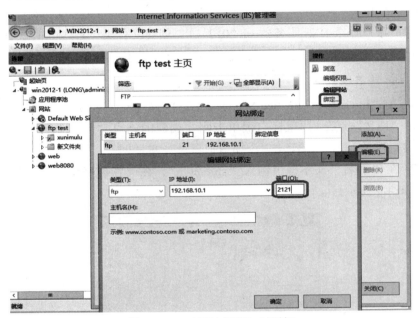

图 10 – 10 "网站绑定"对话框

STEP 2 选择"ftp"条目后，单击"编辑"按钮，完成 IP 地址和端口号的更改，比如改为"2121"。

STEP 3 测试 FTP 站点。用户在客户机 win2012 – 2 上打开 IE 浏览器或资源管理器，输入"ftp：//192.168.10.1：2121"就可以访问刚才建立的 FTP 站点。

STEP 4 为了继续完成后面的实训，测试完毕后，再将端口号改为默认，即"21"。

2. 其他配置

在"Internet Information Services（IIS）管理器"控制台目录树中，依次展开 FTP 服务器，选择 FTP 站点"ftptest"，可以分别进行"FTP IP 地址和域限制""FTP SSL 设置""FTP 当前会话""FTP 防火墙支持""FTP 目录浏览""FTP 请求筛选""FTP 日志""FTP 身份验证""FTP 授权规则""FTP 消息""FTP 用户隔离"等内容的设置或浏览，如图 10 – 11 所示。

在"操作"界面，可以进行"浏览""编辑权限""绑定""基本设置""查看应用程序""查看虚拟目录""重新启动""启动""停止""高级设置"等操作。

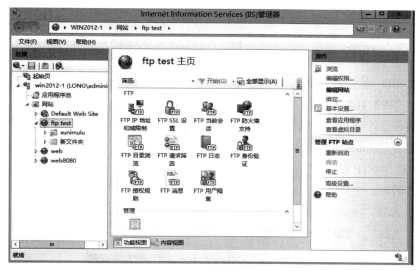

图10-11　"ftptest 主页"界面

任务 10-4　创建虚拟主机

1. 虚拟主机简介

一个 FTP 站点由一个 IP 地址和一个端口号唯一标识，改变其中任意一项均标识不同的 FTP 站点。但是在 FTP 服务器上，通过"Internet Information Services（IIS）管理器"控制台只能创建一个 FTP 站点。在实际应用环境中，有时需要在一台 FTP 服务器上创建两个不同的 FTP 站点，这就涉及虚拟主机的问题。

在一台 FTP 服务器上创建的两个 FTP 站点，默认只能启动其中一个，用户可以通过更改 IP 地址或端口号来解决这个问题。

可以使用多个 IP 地址和多个端口号创建多个 FTP 站点。尽管使用多个 IP 地址创建多个 FTP 站点是常见并且推荐的操作，但由于在默认情况下，当使用 FTP 时，FTP 客户机会调用端口 21，这种情况会变得非常复杂。因此，如果要使用多个端口号创建多个 FTP 站点，需要将新端口号通知用户，以便 FTP 客户机能够找到并连接到该端口。

2. 使用相同的 IP 地址、不同的端口号创建两个 FTP 站点

在同一台 FTP 服务器上使用相同的 IP 地址、不同的端口号（21、2121）同时创建两个 FTP 站点，具体步骤如下：

STEP 1 以域管理员账户登录 FTP 服务器 win2012-1，创建"C:\ftp2"文件夹作为第 2 个 FTP 站点的主目录，并在其文件夹内放入一些文件。

STEP 2 接着创建第 2 个 FTP 站点，FTP 站点的创建可参见任务 10-1 的相关内容，只是一定要将端口号设置为"2121"。

STEP 3 测试 FTP 站点。用户在客户机 win2012-2 上打开资源管理器或 IE 浏览器，输入"ftp://192.168.10.1：2121"就可以访问刚才建立的第 2 个 FTP 站点。

3. 使用两个不同的 IP 地址创建两个 FTP 站点

在同一台 FTP 服务器上用相同的端口号、不同的 IP 地址（192. 168. 10. 1、192. 168. 10. 20）同时创建两个 FTP 站点，具体步骤如下：

（1）设置 FTP 服务器的两个 IP 地址。前面已在 win2012 – 1 上设置了两个 IP 地址：192. 168. 10. 1、192. 168. 10. 20。在此不再赘述。

（2）更改第 2 个 FTP 站点的 IP 地址和端口号。

STEP 1 在"Internet Information Services（IIS）管理器"控制台目录树中，依次展开FTP 服务器，选择 FTP 站点"ftp2"，然后单击"操作"界面的"绑定"按钮，弹出"编辑网站绑定"对话框。

STEP 2 选择"ftp"类型后，单击"编辑"按钮，将 IP 地址改为"192. 168. 10. 20"，将端口号改为"21"，如图 10 – 12 所示。

图 10 – 12 "编辑网站绑定"对话框

STEP 3 单击"确定"按钮完成更改。

（3）测试 FTP 的第 2 个站点。

用户在客户机 win2012 – 2 上打开 IE 浏览器，输入"ftp：//192. 168. 10. 20"就可以访问刚才建立的第 2 个 FTP 站点。

试一试

请读者参照任务 9 – 5 中的"2. 使用不同的主机名架设多个 Web 网站"的内容，自行完成"使用不同的主机名架设多个 FTP 站点"的实践。

任务 10 – 5 配置与使用客户机

任何一种服务器的搭建都是为了应用。FTP 服务也一样，搭建 FTP 服务器的目的就是方便用户上传和下载文件。当 FTP 服务器建立成功并提供 FTP 服务后，用户就可以访问了。一般主要使用两种方式访问 FTP 站点，一是利用标准的 Web 浏览器，二是利用专门的 FTP 软件，以实现文件的浏览、下载和上传。

1. FTP 站点的访问

根据 FTP 服务器所赋予的权限，用户可以浏览、上传或下载文件，但使用不同的访问方式，其操作方法也不相同。

1）用 Web 浏览器或资源管理器访问 FTP 站点

Web 浏览器除了可以用来访问 Web 网站外，还可以用来登录 FTP 服务器。

匿名访问的格式为 "ftp://FTP 服务器地址"。

非匿名访问的格式为 "ftp://用户名：密码@FTP 服务器地址"。

登录 FTP 站点以后，就可以像访问本地文件夹一样访问 FTP 站点中的文件夹。如果要下载文件，可以先复制一个文件，然后粘贴到本地文件夹中；若要上传文件，可以先从本地文件夹中复制一个文件，然后在 FTP 站点的文件夹中粘贴，即可自动上传到 FTP 服务器。如果具有 "写入" 权限，还可以重命名、新建或删除文件或文件夹。

2）用 FTP 软件访问 FTP 站点

大多数访问 FTP 站点的用户都会使用 FTP 软件，因为 FTP 软件不仅方便，而且和 Web 浏览器相比，它的功能更加强大。比较常用的 FTP 软件有 CuteFTP、FlashFXP、LeapFTP 等。

2. 虚拟目录的访问

当利用 FTP 软件连接至 FTP 站点时，所列出的文件夹中并不会显示虚拟目录。因此，如果想显示虚拟目录，必须切换到虚拟目录。

如果使用 Web 浏览器访问 FTP 站点，可在 "地址" 栏中输入地址的时候，直接在后面添加虚拟目录的名称。格式为：

ftp://FTP 服务器地址/虚拟目录名称

这样就可以直接连接到 FTP 服务器的虚拟目录。

如果使用 FlashFXP 等 FTP 软件连接 FTP 站点，可以在建立连接时，在 "远程路径" 文本框中输入虚拟目录的名称；如果已经连接到 FTP 站点，要切换到虚拟目录，可以在文件列表框中单击鼠标右键，在弹出的快捷菜单中选择 "更改文件夹" 命令，在 "文件夹名称" 文本框中输入要切换到的虚拟目录名称。

任务 10 – 6 实现 AD 环境下的多用户隔离 FTP

1. 任务需求

未名公司已经搭建好域环境，业务组因业务需求，需要在服务器上存储相关业务数据，但是业务组希望各用户目录相互隔离（仅允许访问自己的目录而无法访问他人的目录），每个业务员允许使用的 FTP 空间大小为 100 MB。为此，公司决定通过 AD 中的 FTP 隔离实现此应用。

通过建立基于域的隔离用户 FTP 站点和磁盘配额技术可以实现本任务。

2. 创建业务部 OU 及用户

STEP 1 首先在 DC1 中新建一个名为 "sales" 的 OU，在 "sales" OU 中新建用户，用

户名分别为"salesuser1""salesuser2""sales_ master",用户密码为 P@ ssw0rd,如图10 – 13 所示。

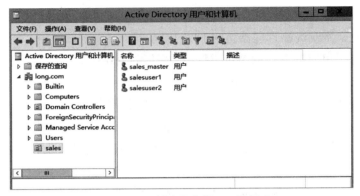

图 10 – 13　创建业务部 OU 及用户

STEP 2 委派用户 sales_master 对"sales"OU 里有"读取所有用户信息"权限（sales_ master 为 FTP 的服务账户），如图 10 – 14 所示。

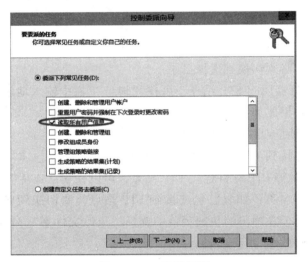

图 10 – 14　委派权限

3. FTP 服务器配置

STEP 1 仍使用"long\administrator"登录 FTP 服务器 win2012 – 1（该服务器集域控制器、DNS 服务器和 FTP 服务器于一身，真实环境中可能需要单独的 FTP 服务器）。

STEP 2 在服务器管理器中单击"添加角色和功能"命令，勾选"Web 服务器（IIS）"复选框并添加相应功能，在"角色服务"列表中勾选"FTP 服务器"复选框，如图 10 – 15 所示（前面有详细安装过程，可参考）。

STEP 3 在 C 盘（或其他任意盘）建立主目录"FTP_sales"，在"FTP_sales"中分别建立用户名所对应的文件夹"salesuser1""salesuser2"，如图 10 – 16 所示。为了测试方便，事先在两个文件夹中新建一些文件或文件夹。

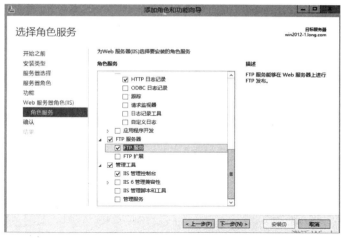

图 10 - 15 勾选 "FTP 服务器" 复选框

图 10 - 16 新建文件夹

STEP 4 打开 "Internet Information Services（IIS）管理器" 控制台，用鼠标右键单击 "网站"，在弹出的快捷菜单中选择 "添加 FTP 站点" 命令，在弹出的 "添加 FTP 站点" 对话框中输入 FTP 站点名称并选择 "物理路径"，如图 10 - 17 所示。

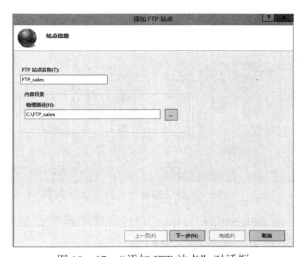

图 10 - 17 "添加 FTP 站点" 对话框

STEP 5 在"绑定和 SSL 设置"窗口中选择"绑定"区域的"IP 地址"下拉列表中选择"192.168.10.1",在"SSL"选项区中选择"无 SSL"选项,如图 10－18 所示。

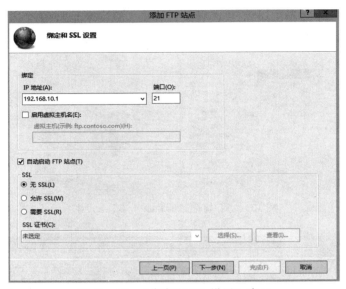

图 10－18 "绑定和 SSL 设置"窗口

STEP 6 在"身份验证和授权信息"窗口的"身份验证"选项区中勾选"匿名"和"基本"复选框,在"允许访问"下拉列表中选择"所有用户"选项,勾选"权限"下的"读取"和"写入"复选框,如图 10－19 所示。

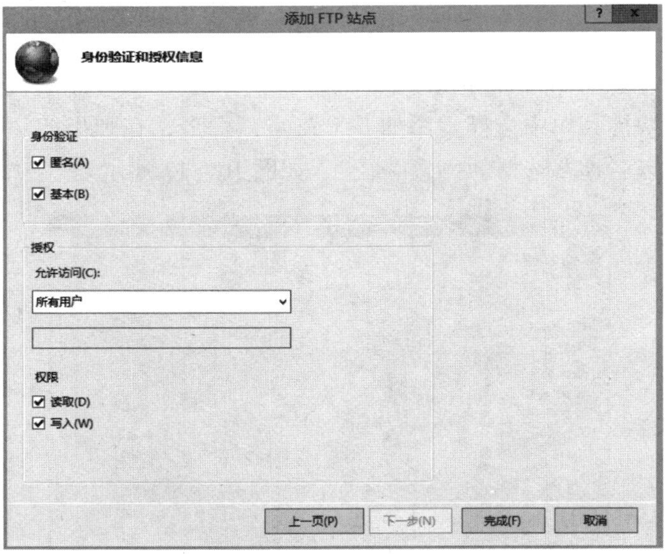

图 10－19 "身份验证和授权信息"窗口

STEP 7 在"Internet Information Services(IIS)管理器"控制台的"FTP_sales 主页"中选择"FTP 用户隔离"选项,如图 10－20 所示。

图 10 – 20　选择 "FTP 用户隔离" 选项

STEP 8 在 "FTP 用户隔离" 界面中选择 "在 Active Directory 中配置的 FTP 主目录" 选项，单击 "设置" 按钮添加刚刚委派的用户，单击 "应用" 按钮，如图 10 – 21 所示。

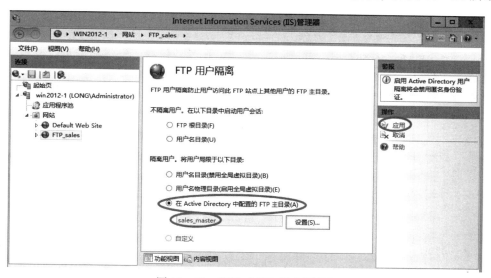

图 10 – 21　配置 "FTP 用户隔离"

STEP 9 单击 DC1 的 "服务器管理器" 控制台的 "工具" → "ADSI 编辑器" → "操作" → "连接到" → "确定" 按钮，如图 10 – 22 所示。

STEP 10 展开左子树，用鼠标右键单击 "sales" OU 里的用户 salesuser1，在弹出的快捷菜单中选择 "属性" 选项，在弹出的对话框中选择 "msIIS – FTPDir" 选项，该选项设置用户对应的目录，修改为 "salesuser1"，选择 "msIIS – FTPRoot" 选项，该选项设置用户对应的路径，修改为 "C：\ftp_sales"，如图 10 – 23 所示。

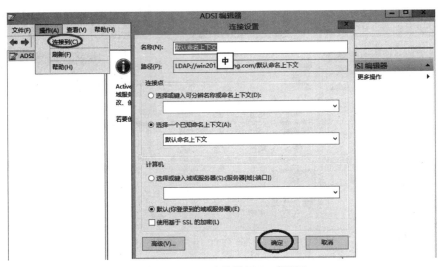

图 10－22　"连接设置"对话框

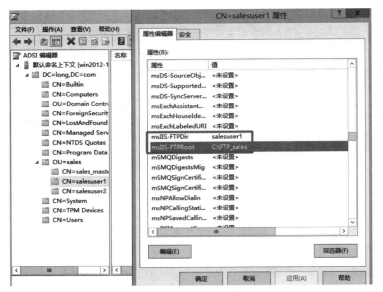

图 10－23　修改隔离用户属性

注意

　　"msIIS－FTPRoot"选项对应于用户的 FTP 根目录，"msIIS－FTPDir"选项对应于用户的 FTP 主目录，用户的 FTP 主目录必须是 FTP 根目录的子目录。

STEP 11 使用同样的方式对用户 salesuser2 进行配置。

4．配置磁盘配额

在 DC1 上双击"我的电脑"图标，用鼠标右键单击 C 盘，在弹出的快捷菜单中选择

"属性"选项，在弹出的"本地磁盘（C：）属性"对话框中选择"配额"选项卡，勾选"启用配额管理"和"拒绝将磁盘空间给超过配额限制的用户"复选框，并将"将磁盘空间限制为"设置成100 MB，将"将警告等级设为"设置成90 MB，勾选"用户超出配额限制时记录事件"和"用户超过警告等级时记录事件"复选框，然后单击"应用"按钮，如图10-24所示。

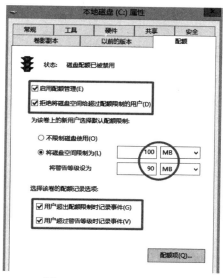

图10-24　配置磁盘配额

5．测试验证

STEP 1　在win2012-2的资源管理器中以用户salesuser1的身份登录FTP服务器，如图10-25所示。

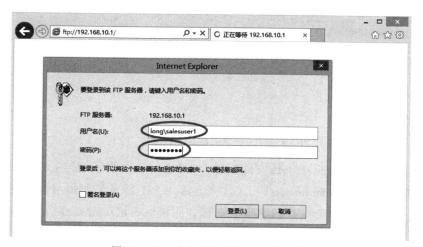

图10-25　在客户机访问FTP服务器

> **注意**
>
> 必须使用"long\salesuser1"或"salesuser1@long.com"登录。为了不受防火墙的影响，建议暂时关闭所有防火墙。

STEP 2 在win2012 – 2上以用户salesuser1的身份访问FTP站点并成功上传文件，如图10 – 26所示。

图10 – 26　登录成功并上传文件（1）

STEP 2 以用户salesuser2的身份访问FTP站点并成功上传文件，如图10 – 27所示。

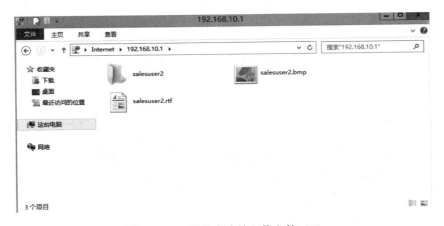

图10 – 27　登录成功并上传文件（2）

STEP 3 当用户salesuser1上传文件超过100 MB时，会提示上传失败。如图10 – 28所示，将大于100 MB的"Administrator"文件夹上传到FTP服务器时提示上传失败。

STEP 4 在DC1上双击"我的电脑"图标，用鼠标右键单击C盘，在弹出的快捷菜单中选择"属性"选项，在弹出的"本地磁盘（C:）属性"对话框中选择"配额"选项卡，单击"配额项"按钮可以查看用户使用的空间，如图10 – 29所示。

图 10 - 28　提示上传失败

图 10 - 29　查看用户使用的空间

10.4　习题

一、填空题

1. FTP 服务就是_____服务，FTP 的英文全称是_____。

2. FTP 服务通过使用一个共同的用户名_____，密码不限的管理策略，让任何用户都可以很方便地从 FTP 服务器上下载文件。

3. FTP 服务有两种工作模式：_____和_____。

4. FTP 命令的格式如下：_____。

5. 打开 FTP 服务器_____的命令是_____，浏览其下目录列表的命令是_____。如果匿名登录，在 "User"（ftp. long. com：（none））处输入匿名账户_____，在 "Password" 处输入_____或直接按回车键，即可登录 FTP 站点。

6. 比较著名的 FTP 软件有_____、_____、_____等。

7. FTP 身份验证方法有两种：_____和_____。

二、选择题

1. 虚拟主机技术不能通过（　　）架设网站。

A. 计算机名　　　　B. TCP 端口　　　　C. IP 地址　　　　D. 主机名

2. 虚拟目录不具备的特点是（　　）。

A. 便于扩展　　　　B. 增删灵活　　　　C. 易于配置　　　　D. 动态分配空间

3. FTP 服务使用的端口是（　　）。

A. 21　　　　　　　B. 23　　　　　　　C. 25　　　　　　　D. 53

4. 从 Internet 上获得软件最常采用（　　）。

A. WWW　　　　　　B. Telnet　　　　　C. FTP　　　　　　D. DNS

三、判断题

1. 若 Web 网站中的信息非常敏感，为防中途被人截获，可采用 SSL 加密方式。

（　　）

2. IIS 提供了基本服务，包括发布信息、传输文件、支持用户通信和更新这些服务所依赖的数据存储。（　　）

3. 虚拟目录是一个文件夹，一定包含于主目录内。（　　）

4. FTP 的全称是 File Transfer Protocol（文件传输协议），是用于传输文件的协议。

（　　）

5. 当使用"用户隔离"模式时，所有用户的主目录都在单一 FTP 主目录下，每个用户均被限制在自己的主目录中，且用户名必须与相应的主目录匹配，不允许用户浏览除自己的主目录之外的其他内容。（　　）

四、简答题

1. 说明非域用户隔离和域用户隔离的主要区别。

2. 能否使用不存在的域用户进行多用户配置？

3. 说明磁盘配额的作用。

10.5　实训项目　配置与管理 FTP 服务器

1. 实训目的

（1）掌握 FTP 服务器的安装方法。

（2）掌握 FTP 服务器的配置方法。

（3）掌握 AD 隔离用户 FTP 服务器的配置方法。

2. 项目背景

本项目根据图 10-2 所示的域环境部署 FTP 服务器。

3. 项目要求

根据网络拓扑（见图 10-2），完成如下任务：

（1）安装 FTP 发布服务角色服务；

（2）创建和访问 FTP 站点；

（3）创建虚拟目录；

（4）安全设置 FTP 服务器；

（5）创建虚拟主机；

（6）配置与使用客户机；

（7）配置 AD 隔离用户（Jane 和 mike）FTP 服务器（参见任务 10 - 7）。

4. 做一做

根据实训项目录像进行项目的实训，检查学习效果。

第 4 篇
网络互联与安全

千里之堤，毁于蚁穴。

——韩非子《韩非子·喻老》

项目 11

配置与管理 VPN 服务器

✓ **项目背景**

作为网络管理员，必须熟悉网络安全保护的各种策略以及可以采取的安全措施，这样才能合理地进行安全管理，使网络和计算机处于安全保护的状态。

虚拟专用网（Virtual Private Network，VPN）可以让远程用户通过 Internet 来安全地访问公司内部网络的资源。

✓ **学习要点**

（1）理解 VPN 的基本概念和基本原理；
（2）理解远程访问 VPN 的构成和连接过程；
（3）掌握配置并测试远程访问 VPN 的方法；
（4）掌握 VPN 服务器的网络策略的配置方法。

11.1　相关知识

远程访问（Remote Access）也称为远程接入，通过这种技术，可以将远程或移动用户连接到组织内部网络。实现远程访问最常用的技术就是 VPN 技术。目前，互联网中的多个企业网络常常使用 VPN 技术（通过加密技术、验证技术、数据确认技术的共同应用）连接起来，这样就可以轻易地在 Internet 上建立一个专用网络，让远程用户通过 Internet 安全地访问内部网络的资源。

VPN 是指在公共网络（通常为 Internet）中建立的虚拟的、专用的网络，是 Internet 与 Intranet 之间的专用通道，为企业提供高安全、高性能、简便易用的环境。当远程的 VPN 客户机通过 Internet 连接到 VPN 服务器时，它们之间所传送的信息会被加密，所以即使信息在传送的过程中被拦截，也会因为已被加密而无法识别，从而确保信息的安全性。

11.1.1　VPN 的构成

（1）远程访问 VPN 服务器：用于接收并响应 VPN 客户机的连接请求，并建立 VPN 连接。它可以是专用的 VPN 服务器设备，也可以是运行 VPN 服务的主机。

（2）VPN 客户机：用于发起 VPN 连接请求，通常为 VPN 连接组件的主机。

（3）隧道协议：VPN 的实现依赖于隧道协议，通过隧道协议，可以将一种协议用另一种协议或相同协议封装，同时还可以提供加密、认证等安全服务。VPN 服务器和客户机必须支持相同的隧道协议，以便建立 VPN 连接。目前最常用的隧道协议有点对点隧道协议（Point – to – Point Tunneling Protocol，PPTP）和第二层隧道协议（Layer Two Tunneling Protocol，L2TP）。

①PPTP 是点对点协议（PPP）的扩展，并协调使用 PPP 的身份验证、压缩和加密机制。PPTP 客户机支持内置于 Windows XP 远程访问客户机。只有 IP 网络（如 Internet）才可以建立 PPTP 的 VPN。两个局域网之间若通过 PPTP 连接，则两端直接连接到 Internet 的 VPN 服务器必须执行 TCP/IP，但网络内的其他计算机不一定需要支持 TCP/IP，它们可执行 TCP/IP、IPX 或 NetBEUI，因为当它们通过 VPN 服务器与远程计算机通信时，这些不同通信协议的数据包会被封装到 PPP 的数据包内，然后经过 Internet 传送，信息到达目的地后，再由远程的 VPN 服务器将其还原为 TCP/IP、IPX 或 NetBEUI 的数据包。PPTP 利用 MPPE（Microsoft Point – to – Point Encryption）加密法对信息加密。PPTP 的 VPN 服务器支持内置于 Windows Server 2012 R2 家族的成员。PPTP 与 TCP/IP 一同安装，根据运行"路由和远程访问服务器安装向导"时所作的选择，PPTP 可以配置为 5 个或 128 个 PPTP 端口。

②L2TP 是基于 RFC 的隧道协议，该协议是一种业内标准。L2TP 同时具有身份验证、加密与数据压缩的功能。L2TP 的验证与加密方法都是采用 IPSec。与 PPTP 类似，L2TP 也可以将 IP、IPX 或 NetBEUI 的数据包封装到 PPP 的数据包内。与 PPTP 不同，运行在 Windows Server 2012 R2 服务器上的 L2TP 不利用点对点加密（MPPE）来加密 PPP 数据报。L2TP 依赖于加密服务的 Internet 协议安全性（IPSec）。L2TP 和 IPSec 的组合被称为 L2TP/IPSec。L2TP/IPSec 提供专用数据的封装和加密的主要 VPN 服务。VPN 客户机和 VPN 服务器必须支持 L2TP 和 IPSec。L2TP 的客户机支持内置于 Windows XP 远程访问客户机，而 L2TP 的 VPN 服务器支持内置于 Windows Server 2012 R2 家族的成员。L2TP 与 TCP/IP 一同安装，根据运行"路由和远程访问服务器安装向导"时所作的选择，L2TP 可以配置为 5 个或 128 个 L2TP 端口。

（4）Internet 连接：VPN 服务器和客户机必须都接入 Internet，并且能够通过 Internet 进行正常的通信。

11.1.2 VPN 应用场合

VPN 的实现可以分为软件和硬件两种方式。Windows 服务器版的操作系统以完全基于软件的方式实现 VPN，成本非常低廉。无论身处何地，只要能连接到 Internet，就可以与企业网在 Internet 上的 VPN 关联，登录内部网络浏览或交换信息。

一般来说，VPN 使用在以下两种场合：

1. 远程客户机通过 VPN 连接到局域网

总公司（局域网）的网络已经连接到 Internet，用户远程拨号连接 Internet 后，就可以通过 Internet 与总公司（局域网）的 VPN 服务器建立 PPTP 或 L2TP 的 VPN，并通过 VPN 安全地传输信息。

2. 两个局域网通过 VPN 互联

两个局域网的 VPN 服务器都连接到 Internet，并且通过 Internet 建立 PPTP 或 L2TP 的 VPN，它可以让两个网络安全地传输信息，不用担心在 Internet 上传输信息时泄密。

除了使用软件方式实现外，VPN 的实现要以交换机、路由器等硬件设备为基础。目前，在 VPN 技术和产品方面，最具有代表性的当数 Cisco 和华为 3Com。

11.1.3　VPN 的连接过程

（1）VPN 客户机向 VPN 服务器连接 Internet 的接口发送建立 VPN 连接的请求；

（2）VPN 服务器接收到 VPN 客户机建立连接的请求之后，对 VPN 客户机的身份进行验证；

（3）如果身份验证未通过，则拒绝 VPN 客户机的连接请求；

（4）如果身份验证通过，则允许 VPN 客户机建立 VPN 连接，并为 VPN 客户机分配一个内部网络的 IP 地址；

（5）VPN 客户机将获得的 IP 地址与 VPN 连接组件绑定，并使用该地址与内部网络进行通信。

11.1.4　认识网络策略

1. 什么是网络策略

部署网络访问保护（NAP）时，将向网络策略配置中添加健康策略，以便在授权的过程中使用网络策略服务器（NPS）执行客户机健康检查。

当处理作为 RADIUS 服务器的连接请求时，网络策略服务器对此连接请求既执行身份验证，也执行授权。在身份验证过程中，NPS 验证连接到网络的用户或计算机的身份。在授权过程中，NPS 确定是否允许用户或计算机访问网络。

若要进行此决定，NPS 使用在 NPS Microsoft 管理控制台（MMC）管理单元中配置的网络策略。NPS 还检查 Active Directory 域服务（AD DS）中账户的拨入属性以执行授权。

可以将网络策略视为规则。每个规则都具有一组条件和设置。NPS 将规则的条件与连接请求的属性进行对比。如果规则和连接请求匹配，则规则中定义的设置会应用于连接。

当在 NPS 中配置了多个网络策略时，它们是一组有序规则。NPS 根据列表中的第一个规则检查每个连接请求，然后根据第二个规则进行检查，依此类推，直到找到匹配项为止。

每个网络策略都有"策略状态"设置，使用该设置可以启用或禁用网络策略。如果禁用网络策略，则授权连接请求时，NPS 不评估策略。

2. 网络策略属性

每个网络策略中都有以下 4 种类别的属性。

1）概述

使用该属性可以指定是否启用策略、是允许还是拒绝访问策略，以及连接请求是需要特定网络连接方法还是需要网络访问服务器类型。使用该属性还可以指定是否忽略 AD DS 中的用户账户的拨入属性。

2）条件

使用该属性可以指定为了匹配网络策略，连接请求所必须具有的条件，如果策略中配置的条件与连接请求匹配，则 NPS 把网络策略中指定的设置应用于连接。例如，如果将网络访问服务器 IPv4 地址（NAS IPv4 地址）指定为网络策略的条件，并且 NPS 从具有指定 IP 地址的 NAS 接收连接请求，则网络策略中的条件与连接请求匹配。

3）约束

约束是匹配连接请求所需的网络策略的附加参数。如果连接请求与约束不匹配，则 NPS 自动拒绝连接请求。与 NPS 对网络策略中不匹配条件的响应不同，如果约束不匹配，则 NPS 不评估附加网络策略，只拒绝连接请求。

4）设置

使用该属性可以指定在网络策略的所有条件都匹配时，NPS 应用于连接请求的设置。

11.2　项目设计与准备

1. 项目设计

根据图 11 - 1 所示的域环境部署远程访问 VPN 服务器。

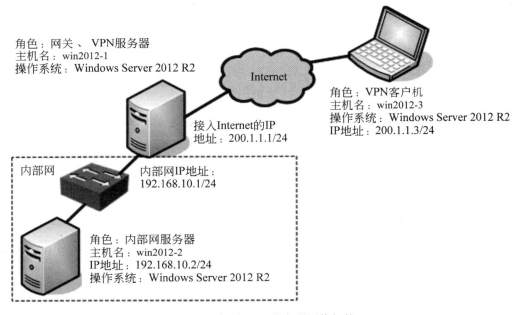

图 11 - 1　架设 VPN 服务器网络拓扑

win2012 - 1、win2012 - 2、win2012 - 3 可以是 Hyper - V 服务器的虚拟机，也可以是 VMWare Workstation 的虚拟机。

2. 项目准备

部署远程访问 VPN 服务之前，应做如下准备：

（1）使用提供远程访问 VPN 服务的 Windows Server 2012 R2 操作系统。

（2）VPN 服务器至少要有两个网络连接。IP 地址如图 11 - 1 所示。

（3）VPN 服务器必须与内部网络相连，因此需要配置与内部网络连接所需要的 TCP/IP 参数（私有 IP 地址），该参数可以手工指定，也可以通过内部网络中的 DHCP 服务器自动分配。本项目中 IP 地址为 192. 168. 10. 1/24。

（4）VPN 服务器必须同时与 Internet 相连，因此需要建立和配置与 Internet 的连接。VPN 服务器与 Internet 的连接通常采用较快的连接方式，如专线连接。本项目中 IP 地址为 200. 1. 1. 1/24。

（5）合理规划分配给 VPN 客户机的 IP 地址。VPN 客户机在请求建立 VPN 连接时，VPN 服务器需要为其分配内部网络的 IP 地址。配置的 IP 地址必须是内部网络中不使用的 IP 地址，IP 地址的数量根据同时建立 VPN 连接的 VPN 客户机的数量来确定。在本项目中部署远程访问 VPN 服务时，使用静态 IP 地址池为远程访问 VPN 客户机分配 IP 地址，IP 地址范围为 192. 168. 10. 11/24 ~ 192. 168. 10. 20/24。

（6）VPN 客户机在请求 VPN 连接时，VPN 服务器要对其进行身份验证，因此应合理规划需要建立 VPN 连接的用户账户。

11.3 项目实施

任务 11 - 1 架设 VPN 服务器

在架设 VPN 服务器之前，读者需要了解本任务实例的部署要求和部署环境。本书使用 VMware Workstation 构建虚拟环境。

1. 为 VPN 服务器添加第 2 块网卡

（1）在 VM Workstation 中，用鼠标右键单击目标虚拟机（本任务中为 win2012 - 1），选择"设置"选项，打开"win2012 - 1 的设置"对话框。

（2）选择"添加"→"网络适配器"选项，单击"下一步"按钮，选择网络连接方式为"自定义：VMnet8"，最后单击"完成"按钮完成第 2 块网卡的添加，如图 11 - 2 所示。

（3）启动 win2012 - 1，用鼠标右键单击"开始"菜单，在弹出的快捷菜单中选择"网络连接"选项，更改两块网卡的网络连接的名称分别为"局域网连接"和"Internet 连接"，并按图 11 - 1 所示分别设置两个网络连接的网络参数，如图 11 - 3 所示（或者用鼠标右键单击右下方的"网络连接"图标，选择"网络和 Internet 共享"→"更改适配器设置"命令）。

图 11 - 2　添加第 2 块网卡

图 11 - 3　"网络连接"窗口

特别注意：设置 win2012 - 2 的网络连接方式为 VMnet1（与 win2012 - 1 的局域网连接一致），设置 win2012 - 3 的网络连接方式为 VMnet8（与 win2012 - 1 的 Internet 连接一致）。如果设置不当，本任务将会失败。

（4）同理启动 win2012 - 2 和 win2012 - 3，并按图 11 - 1 所示设置这两台服务器的 IP 地址等参数。设置完成后利用 ping 命令测试这 3 台虚拟机的连通情况，为后面的实训做准备。

2. 安装路由和远程访问服务角色

要配置 VPN 服务器，必须安装路由和远程访问服务角色。Windows Server 2012 R2 中的路由和远程访问服务角色是包含在网络策略和访问服务角色中的，并且默认没有安装。用户可以根据自己的需要选择同时安装网络策略和访问服务角色中的所有服务组件或者只安装路由和远程访问服务角色。

路由和远程访问服务角色的安装步骤如下：

（1）以域管理员身份登录 VPN 服务器 win2012 - 1，单击"服务器管理器"→"仪表"→

"添加角色"链接，打开图 11-4 所示的"选择服务器角色"窗口，选择网络策略和访问服务角色和远程访问角色。

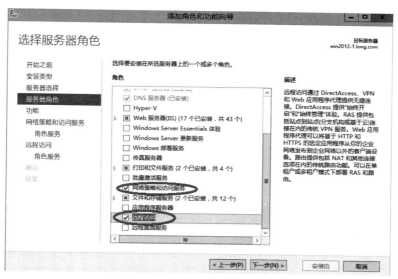

图 11-4 "选择服务器角色"窗口

（2）持续单击"下一步"按钮，显示"网络策略和访问服务"→"角色服务"界面，网络策略和访问服务角色包括网络策略服务器、健康注册机构和主机凭据授权协议等服务角色，勾选"网络策略服务器"复选框。

（3）单击"下一步"按钮，显示"远程访问"→"角色服务"界面，勾选全部复选框，如图 11-5 所示。

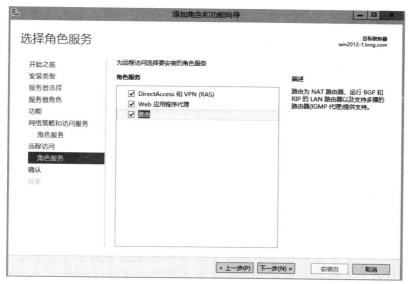

图 11-5 "远程访问"→"角色服务"界面

（4）最后单击"安装"按钮即可开始安装，完成后显示"安装结果"对话框。

3. 配置并启用路由和远程访问

在已经安装路由和远程访问服务角色的计算机 win2012－1 上通过"路由和远程访问"控制台配置并启用路由和远程访问，具体步骤如下。

1）打开"路由和远程访问服务器安装向导"对话框

（1）以域管理员账户登录需要配置 VPN 服务的计算机 win2012－1，选择"开始"→"管理工具"→"路由和远程访问"选项，打开图 11－6 所示的"路由和远程访问"控制台。

（2）在该控制台目录树上用鼠标右键单击服务器"win2012－1（本地）"，在弹出的快捷菜单中选择"配置并启用路由和远程访问"命令，打开"路由和远程访问服务器安装向导"对话框。

2）选择 VPN 连接

（1）单击"下一步"按钮，出现"配置"窗口，在该窗口中可以配置 NAT、VPN 以及路由服务，在此选择"远程访问（拨号或 VPN）"选项，如图 11－7 所示。

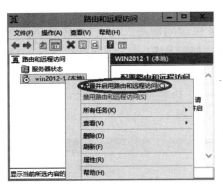

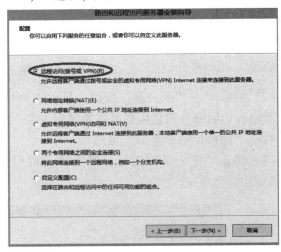

图 11－6　"路由和远程访问"控制台　　图 11－7　选择"远程访问（拨号或 VPN）"选项

（2）单击"下一步"按钮，出现"远程访问"窗口，在该窗口中可以选择创建拨号或 VPN 远程访问连接，在此勾选"VPN"复选框，如图 11－8 所示。

3）选择连接到 Internet 的网络接口

单击"下一步"按钮，出现"VPN 连接"窗口，在该窗口中可以选择连接到 Internet 的网络接口，在此选择"Internet 连接"接口，如图 11－9 所示。

4）设置 IP 地址分配

（1）单击"下一步"按钮，出现"IP 地址分配"窗口，在该窗口中可以设置分配给 VPN 客户机的 IP 地址是从 DHCP 服务器获取还是指定一个范围，在此选择"来自一个指定的地址范围"选项，如图 11－10 所示。

（2）单击"下一步"按钮，出现"地址范围分配"窗口，在该窗口中可以指定 VPN 客户机的 IP 地址范围。

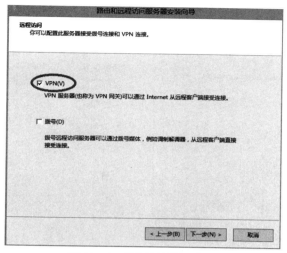

图 11 - 8　"远程访问"窗口

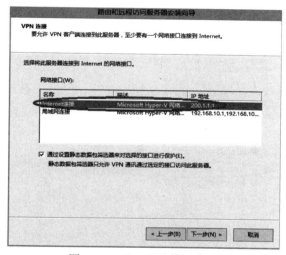

图 11 - 9　"VPN 连接"窗口

（3）单击"新建"按钮，出现"新建 IPv4 地址范围"对话框，在"起始 IP 地址"文本框中输入"192.168.10.11"，在"结束 IP 地址"文本框中输入"192.168.10.20"，如图11 - 11 所示，然后单击"确定"按钮。

（4）返回到"地址范围分配"窗口，可以看到已经指定了一个 IP 地址范围。

5）进行 VPN 配置

（1）单击"下一步"按钮，出现"管理多个远程访问服务器"窗口，在该窗口中可以指定身份验证的方法是使用路由和远程访问服务器还是使用 RADIUS 服务器，在此选择"否，使用路由和远程访问来对连接请求进行身份验证"选项，如图 11 - 12 所示。

（2）单击"下一步"按钮，出现"摘要"窗口，该窗口显示了之前步骤所设置的信息。

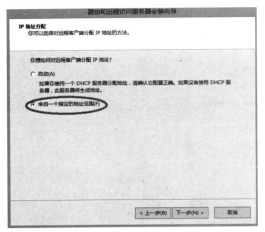

图 11 – 10 "IP 地址分配"窗口 图 11 – 11 输入 VPN 客户机的 IP 地址范围

（3）单击"完成"按钮，出现图 11 – 13 所示的对话框，提示需要配置 DHCP 中继代理的属性，最后单击"确定"按钮即可。

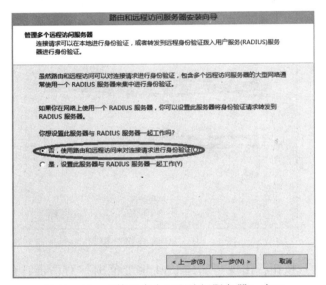

图 11 – 12 "管理多个远程访问服务器"窗口

图 11 – 13 提示需要配置 DHCP 中继代理的属性

6）查看 VPN 服务器状态

（1）完成 VPN 配置后，返回图 11 – 14 所示的"路由和远程访问"控制台。由于目前已经启用了 VPN 服务，所以显示绿色向上的标识箭头。

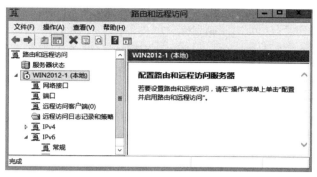

图 11 – 14　完成 VPN 配置后的效果

（2）在"路由和远程访问"控制台目录树中，展开服务器，单击"端口"，在控制台右侧界面中显示所有端口的状态为"不活动"，如图 11 – 15 所示。

（3）在"路由和远程访问"控制台目录树中，展开服务器，单击"网络接口"，在控制台右侧界面中显示 VPN 服务器上的所有网络接口，如图 11 – 16 所示。

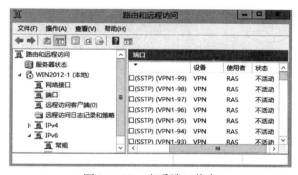

图 11 – 15　查看端口状态

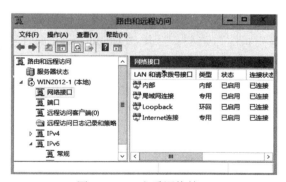

图 11 – 16　查看网络接口

4. 停止和启动 VPN 服务

要启动或停止 VPN 服务，可以使用 net 命令、"路由和远程访问"控制台或"服务"控制台，具体步骤如下。

1）使用 net 命令

以域管理员账户登录 VPN 服务器 win2012 – 1，在"命令提示符"窗口中输入命令"net

stop remoteaccsee"停止 VPN 服务，输入命令"net start remoteaccess"启动 VPN 服务。

2）使用"路由和远程访问"控制台

在"路由和远程访问"控制台目录树中，用鼠标右键单击服务器，在弹出的快捷菜单中选择"所有任务"→"停止"或"启动"命令即可停止或启动 VPN 服务。

VPN 服务停止以后，"路由和远程访问"控制台如图 11 - 6 所示显示红色向下的标识箭头。

3）使用"服务"控制台

选择"开始"→"管理工具"→"服务"选项，打开"服务"控制台。找到服务"Routing and Remote Access"，单击"重启动"或"停止"链接即可启动或停止 VPN 服务，如图 11 - 17 所示。

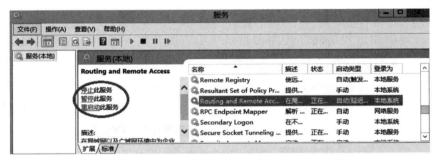

图 11 - 17 "服务"控制台

5. 配置域用户账户允许 VPN 连接

在域控制器 win2012 - 1 上设置允许用户 Administrator@ long. com 使用 VPN 连接到 VPN 服务器的具体步骤如下：

（1）以域管理员账户登录域控制器 win2012 - 1，打开"Active Directory 用户和计算机"控制台，依次展开"long. com"和"Users"节点，用鼠标右键单击用户"Administrator"，在弹出的快捷菜单中选择"属性"选项，打开"Administrator 属性"对话框。

（2）在"Administrator 属性"对话框中选择"拨入"选项卡。在"网络访问权限"选项区中选择"允许访问"选项，如图 11 - 18 所示，最后单击"确定"按钮即可。

6. 在 VPN 客户机上建立并测试 VPN 连接

在 VPN 客户机 win2012 - 3 上建立 VPN 连接并连接到 VPN 服务器，具体步骤如下。

1）VPN 在客户机上新建 VPN 连接

（1）以域管理员账户登录 VPN 客户机 win2012 - 3，选择"开始"→"控制面板"→"网络和 Internet"→"网络和共享中心"选项，打开图 11 - 19 所示的"网络和共享中心"界面。

（2）单击"设置新的连接或网络"按钮，打开"设置连接或网络"对话框，通过该对话框可以建立连接以连接到 Internet 或 VPN，在此选择"连接到工作区"选项，如图 11 - 20所示。

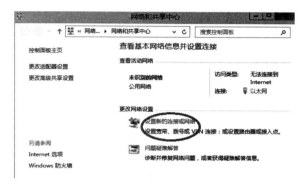

图 11 – 18 "Administrator 属性"对话框   图 11 – 19 "网络和共享中心"对话框

（3）单击"下一步"按钮，出现"你想如何连接"窗口，在该窗口中指定是使用 Internet 还是拨号方式连接到 VPN 服务器，在此选择"使用我的 Internet 连接（VPN）"选项，如图 11 – 21 所示。

图 11 – 20 选择"连接到工作区"选项

（4）出现"你想在继续之前设置 Internet 连接吗？"窗口，在该窗口中设置 Internet 连接，由于本任务中 VPN 服务器和 VPN 客户机是物理连接在一起的，所以选择"我将稍后设置 Internet 连接"选项，如图 11 – 22 所示。

（5）出现图 11 – 23 所示的"键入要连接的 Internet 地址"窗口，在"Internet 地址"文本框中输入 VPN 服务器的外网网卡的 IP 地址"200.1.1.1"，并设置"目标名称"为"VPN连接"。

图 11 – 21　选择"使用我的 Internet 连接（VPN）"选项

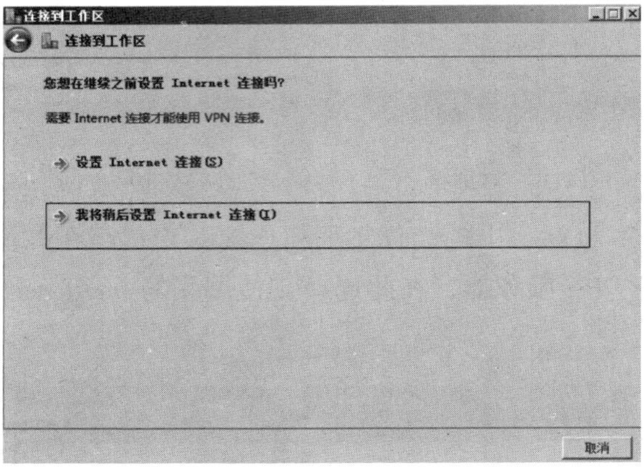

图 11 – 22　选择"我将稍后设置 Internet 连接"选项

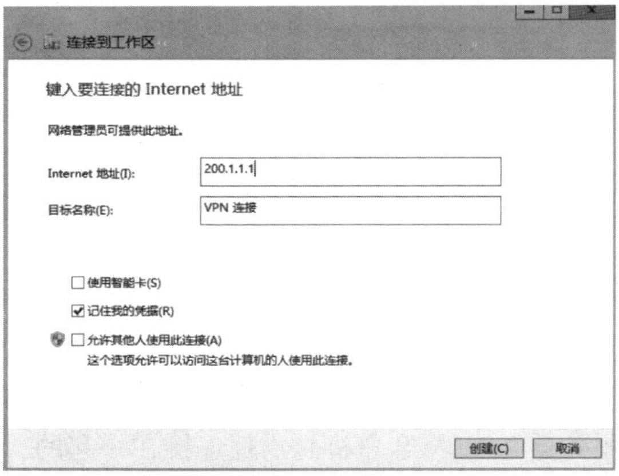

图 11 – 23　"键入要连接的 Internet 地址"窗口

（6）单击"创建"按钮，出现"键入您的用户名和密码"窗口，在此输入希望连接的用户名、密码以及域，如图 11 – 24 所示。

图 11-24 "键入您的用户名和密码"窗口

（7）单击"创建"按钮创建 VPN 连接，出现"连接已经使用"窗口。VPN 连接创建完成。

2）未连接到 VPN 服务器时的测试

（1）以域管理员身份登录 VPN 客户机 win2012-3，打开 Windows Powershell 或者选择"开始"→"运行"选项，在"运行"对话框中输入"cmd"，然后单击"确定"按钮。

（2）在 win2012-3 上使用 ping 命令分别测试与 win2012-1 和 win2012-2 的连通性，如图 11-25 所示。

3）连接到 VPN 服务器时的测试

（1）选择"开始"→"网络连接"选项，双击"VPN 连接"选项，单击"连接"按钮，打开图 11-26 所示的对话框。在该对话框中输入允许 VPN 连接的账户名和密码，在此使用账户 administrator@ long. com 建立连接。

（2）单击"确定"按钮，经过身份验证后即可连接到 VPN 服务器，在图 11-27 所示的"网络连接"界面中可以看到"VPN 连接"的状态是连接的。

图 11-25 未连接 VPN 服务器时的测试结果

图 11-26 连接 VPN

7. 验证 VPN 连接

在 VPN 客户机 win2012 – 3 连接到 VPN 服务器 win2012 – 1 之后，可以访问公司内部局域网中的共享资源，具体步骤如下。

1）查看 VPN 客户机获取到的 IP 地址

（1）在 VPN 客户机 win2012 – 3 上打开"命令提示符"窗口，使用命令"ipconfig /all"查看 IP 地址信息，如图 11 – 28 所示，可以看到 VPN 客户机获取到的 IP 地址为"192.168.10.13"。

图 11 – 27 连接到 VPN
服务器的效果

（2）先后输入命令"ping 192.168.10.1"和"ping 192.168.10.2"，测试 VPN 客户机和 VPN 服务器以及内部局域网中计算机的连通性，如图 11 – 29 所示，显示能连通。

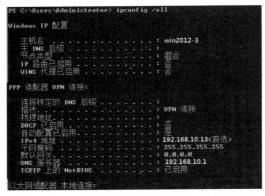

图 11 – 28 查看 VPN 客户机获取到的 IP 地址

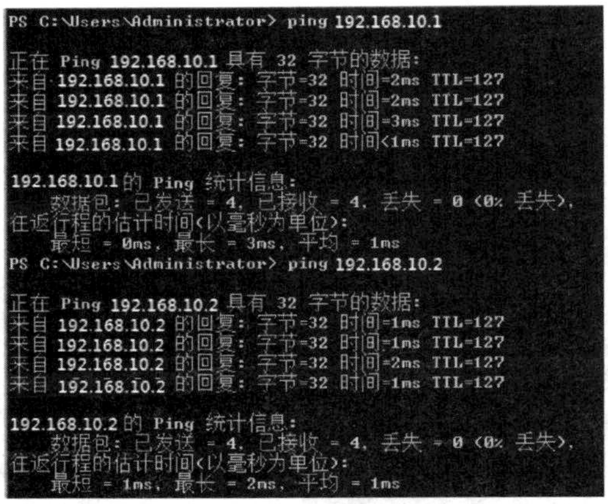

图 11 – 29 测试连通性

2）在 VPN 服务器上的验证

（1）以域管理员账户登录 VPN 服务器，在"路由和远程访问"控制台目录树中展开服务器节点，单击"远程访问客户端"，在控制台右侧界面中显示连接时间以及连接的账户，表明已经有一个 VPN 客户机建立了 VPN 连接，如图 11 – 30 所示。

图 11 - 30　查看远程访问客户端

（2）单击"端口"，在控制台右侧界面中可以看到其中一个端口的状态是"活动"，表明有 VPN 客户机连接到 VPN 服务器。

（3）用鼠标右键单击该活动端口，在弹出的快捷菜单中选择"属性"选项，打开"端口状态"对话框，在该对话框中显示连接时间、用户以及分配给 VPN 客户机的 IP 地址。

3）访问内部局域网的共享文件

（1）以域管理员账户登录内部网服务器 win2012 - 2，在"计算机"管理器中创建文件夹 "C：\share" 作为测试目录，在该文件夹内存入一些文件，并将该文件夹共享。

（2）以域管理员账户登录 VPN 客户机 win2012 - 3，选择"开始"→"运行"选项，输入内部网服务器 win2012 - 2 上共享文件夹的 UNC 路径 "\\192.168.10.2"。由于已经连接到 VPN 服务器，所以可以访问内部局域网中的共享资源。

4）断开 VPN 连接

以域管理员账户登录 VPN 服务器，在"路由和远程访问"控制台目录树中依次展开服务器和"远程访问客户端（1）"节点，在控制台右侧界面中用鼠标右键单击连接的远程访问客户端，在弹出的快捷菜单中选择"断开"命令即可断开 VPN 客户机的 VPN连接。

任务 11 - 2　配置 VPN 服务器的网络策略

任务要求如下：如图 11 - 1 所示，在 VPN 服务器 win2012 - 1 上创建网络策略，使用户在进行 VPN 连接时使用该网络策略。具体步骤如下。

1. 新建网络策略

（1）以域管理员账户登录 VPN 服务器 win2012 - 1，选择"开始"→"管理工具"→"网络策略服务器"选项，打开图 11 - 31 所示的"网络策略服务器"控制台。

（2）用鼠标右键单击"网络策略"，在弹出的快捷菜单中选择"新建"命令，打开"新建网络策略"对话框，在"指定网络策略名称和连接类型"窗口中指定网络策略的名称为"VPN 策略"，指定"网络访问服务器的类型"为"远程访问服务器（VPN 拨号）"，如图 11 - 32 所示。

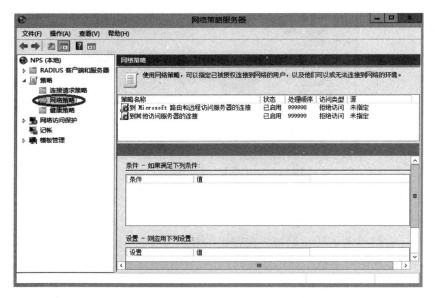

图 11 – 31　"网络策略服务器"控制台

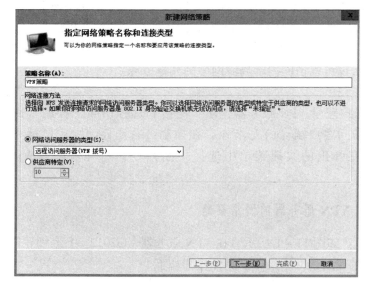

图 11 – 32　"指定网络策略名称和连接类型"窗口

2. 指定网络策略条件（日期和时间限制）

（1）单击"下一步"按钮，出现"指定条件"窗口，在该窗口中设置网络策略的条件，如日期和时间限制、HCAP 用户组等。

（2）单击"添加"按钮，出现"选择条件"对话框。在该对话框中选择要配置的条件属性，选择"日期和时间限制"选项，如图 11 – 33 所示，该选项表示每周允许和不允许用户连接的时间和日期。

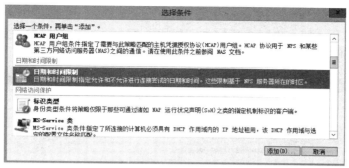

图 11 – 33 "选择条件" 对话框

（3）单击"添加"按钮，出现"日期和时间限制"对话框，在该对话框中设置允许建立 VPN 连接的时间和日期，如图 11 – 34 所示，选择右侧的"允许"选项，然后单击"确定"按钮。

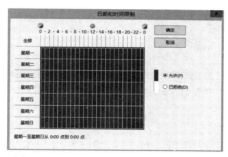

图 11 – 34 "日期和时间限制" 对话框

（4）返回图 11 – 35 所示的"指定条件"窗口，从中可以看到已经添加了一条网络条件。

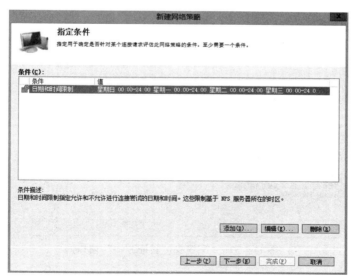

图 11 – 35 "指定条件" 窗口

3. 指定远程访问权限

单击"下一步"按钮，出现"指定访问权限"窗口，在该窗口中指定连接访问权限是允许还是拒绝，在此选择"已授予访问权限"选项，如图 11-36 所示。

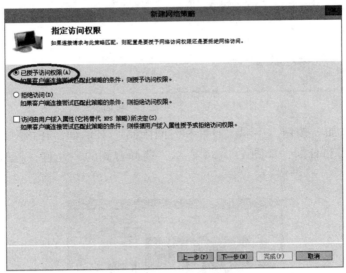

图 11-36 "指定访问权限"窗口

4. 配置身份验证方法

单击"下一步"按钮，出现图 11-37 所示的"配置身份验证方法"窗口，在该窗口中指定身份验证的方法和 EAP 类型。

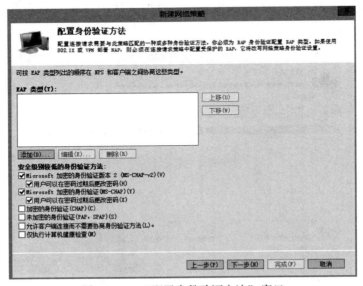

图 11-37 "配置身份验证方法"窗口

5. 配置约束

单击"下一步"按钮，出现图 11-38 所示的"配置约束"窗口，在该窗口中配置网络策略的约束，如"空闲超时""会话超时""被叫站 ID""日期和时间限制""NAS 端口类型"。

图 11-38　"配置约束"窗口

6. 配置设置

单击"下一步"按钮，出现图 11-39 所示的"配置设置"窗口，在该窗口中配置网络策略的设置，如"RADIUS 属性""多链路和带宽分配协议（BAP）""IP 筛选器""加密""IP 设置"。

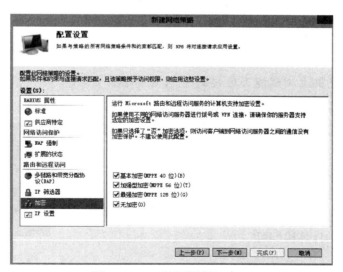

图 11-39　"配置设置"窗口

7. 完成新建网络策略

单击"下一步"按钮，出现"正在完成新建网络策略"窗口，单击"完成"按钮即可完成网络策略的创建。

8. 设置用户远程访问权限

以域管理员账户登录域控制器 win2012 – 1 上，打开"Active Directory 用户和计算机"控制台，依次展开"long. com"和"Users"节点，用鼠标右键单击用户"Administrator"，在弹出的快捷菜单中选择"属性"选项，打开"Administrator 属性"对话框。选择"拨入"选项卡，在"网络访问权限"选项区中选择"通过 NPS 网络策略控制访问"选项，如图 11 –40 所示，设置完毕后单击"确定"按钮。

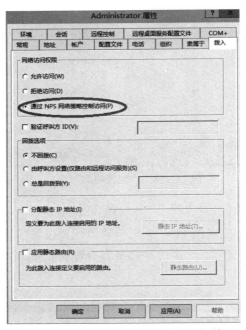

图 11 –40 "Administrator 属性"对话框

9. 在 VPN 客户机上测试能否连接到 VPN 服务器

以本地管理员账户登录 VPN 客户机 win2012 –3，打开 VPN 连接，以用户 administrator@ long. com 的账户连接到 VPN 服务器，此时是按网络策略进行身份验证的，验证成功，连接到 VPN 服务器。如果验证不成功，而是出现了图 11 –41 所示的警告对话框，则用鼠标右键单击 VPN 连接，选择"属性"→"安全"选项，打开"VPN 连接属性"对话框，如图 11 –42 所示，选择"允许使用这些协议"选项，然后重新启动计算机即可。

图 11 –41 警告对话框

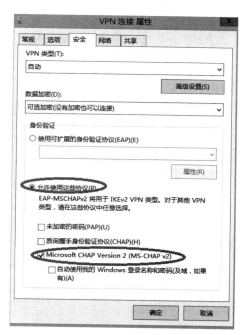

图 11 – 42　"VPN 连接属性" 对话框

11.4　习题

一、填空题

1. VPN 是＿＿＿＿＿＿的简称，中文是＿＿＿＿＿＿。

2. 一般来说，VPN 使用在以下两种场合：＿＿＿＿＿、＿＿＿＿＿。

3. VPN 使用的两种隧道协议是＿＿＿＿和＿＿＿＿。

4. 在 Windows Server 2012 R2 的 "命令提示符" 窗口中可以使用＿＿＿＿命令查看本机的路由表信息。

5. 每个网络策略中都有 4 种类别的属性：＿＿＿＿、＿＿＿＿、＿＿＿＿、＿＿＿＿。

二、简答题

1. 什么是专用地址和公用地址？

2. 简述 VPN 的连接过程。

3. 简述 VPN 的构成及应用场合。

11.5　实训项目　配置与管理 VPN 服务器

1. 实训目的

（1）掌握使局域网内部的计算机连接到 Internet 的方法。

（2）掌握使用 NAT 实现网络互联的方法。

（3）掌握远程访问服务的实现方法。

（4）掌握 VPN 连接的实现方法。

2. 项目环境

根据图 11 - 1 所示的域环境部署 VPN 服务器。

3. 项目要求

根据网络拓扑（见图 11 - 1），完成如下任务：

（1）部署架设 VPN 服务器所需要的网络环境；

（2）为 VPN 服务器添加第 2 块网卡；

（3）安装路由和远程访问服务角色；

（4）配置并启用路由和远程访问；

（5）停止和启动 VPN 服务；

（6）配置域用户账户允许 VPN 连接；

（7）在 VPN 客户机上建立并测试 VPN 连接；

（8）验证 VPN 连接。

（9）通过网络策略控制访问 VPN。

项目 12

配置与管理 NAT 服务器

✓ 项目背景

位于内部网络的多台计算机只需要共享一个公用 IP 地址，就可以同时连接 Internet、浏览网页与收发电子邮件。

✓ 学习要点

（1）掌握 NAT 的基本概念和基本原理；
（2）掌握 NAT 的工作过程；
（3）掌握配置并测试 NAT 服务器的方法；
（4）掌握配置外部网络主机访问内部 Web 服务器的方法；
（5）掌握配置 DHCP 分配器与 DHCP 代理的方法。

12.1 相关知识

12.1.1 NAT 概述

网络地址转换（Network Address Translation，NAT）位于使用专用 IP 地址的 Intranet 和使用公用 IP 地址的 Internet 之间。从 Intranet 传出的数据包由 NAT 将它们的专用 IP 地址转换为公用 IP 地址。从 Internet 传入的数据包由 NAT 将它们的公用 IP 地址转换为专用 IP 地址。这样在内部网络中计算机使用未注册的专用 IP 地址，而在与外部网络通信时使用注册的公用 IP 地址，大大降低了连接成本。同时 NAT 也起到将内部网络隐藏起来，保护内部网络的作用，因为对外部用户来说只有使用公用 IP 地址的 NAT 是可见的。

12.1.2 NAT 的工作过程

NAT 的工作过程主要有以下 4 个步骤：
（1）NAT 客户机将数据包发给运行 NAT 的计算机。
（2）NAT 将数据包中的端口号和专用 IP 地址换成它自己的端口号和公用 IP 地址，然后将数据包发给外部网络的目的主机，同时记录一个跟踪信息在映像表中，以便向 NAT 客户机发送回答信息。

（3）外部网络发送回答信息给 NAT。

（4）NAT 将收到的数据包的端口号和公用 IP 地址转换为 NAT 客户机的端口号和内部网络使用的专用 IP 地址并转发给 NAT 客户机。

以上步骤对于网络内部的主机和网络外部的主机都是透明的，对它们来说就如同直接通信一样，如图 12 – 1 所示。负责 NAT 的计算机有两块网卡、两个 IP 地址。IP1 为 192.168. 0.1，IP2 为 202.162.4.1。

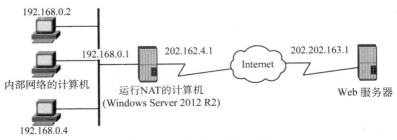

图 12 – 1　NAT 的工作过程

下面举例说明。

（1）192.168.0.2 用户使用 Web 浏览器连接到位于 202.202.163.1 的 Web 服务器，则用户计算机将创建带有下列信息的 IP 数据包：

①目标 IP 地址：202.202.163.1；

②源 IP 地址：192.168.0.2；

③目标端口：TCP 端口 80；

④源端口：TCP 端口 1350。

（2）IP 数据包转发到运行 NAT 的计算机上，它将传出的数据包的 IP 地址转换成下面的形式，用自己的 IP 地址重新打包后转发：

①目标 IP 地址：202.202.163.1；

②源 IP 地址：202.162.4.1；

③目标端口：TCP 端口 80；

④源端口：TCP 端口 2500。

（3）NAT 协议在表中保留了 ｛192.168.0.2，TCP 1350｝ 到 ｛202.162.4.1，TCP 2500｝的映射，以便回传。

（4）转发的数据包是通过 Internet 发送的。Web 服务器响应通过 NAT 协议发回和接收。当接收时，数据包包含下面的公用 IP 地址信息：

①目标 IP 地址：202.162.4.1；

②源 IP 地址：202.202.163.1；

③目标端口：TCP 端口 2500；

④源端口：TCP 端口 80。

（5）NAT 协议检查转换表，将公用 IP 地址映射到专用 IP 地址，并将数据包转发给位于

192.168.0.2 的计算机。转发的数据包包含以下信息：

①目标 IP 地址：192.168.0.2；

②源 IP 地址：202.202.163.1；

③目标端口：TCP 端口 1350；

④源端口：TCP 端口 80。

说明

对于来自 NAT 协议的传出数据包，源 IP 地址（专用 IP 地址）被映射到 ISP 分配的地址（公用 IP 地址），并且 TCP/IP 端口号也会被映射到不同的 TCP/IP 端口号。对于到 NAT 协议的传入数据包，目标 IP 地址（公用 IP 地址）被映射到源 IP 地址（专用 IP 地址），并且 TCP/UDP 端口号被重新映射回源 TCP/UDP 端口号。

12.2　项目设计与准备

在架设 NAT 服务器之前，需要了解 NAT 服务器配置实例的部署要求和部署环境。

1. 部署要求

在部署 NAT 服务前需满足以下要求：

（1）设置 NAT 服务器的 TCP/IP 属性，手工指定 IP 地址、子网掩码、默认网关和 DNS 服务器等；

（2）部署域环境，域名为"long.com"。

2. 部署环境

本项目的所有实例都被部署在图 12-2 所示的网络环境下。其中 NAT 服务器主机名为"win2012-1"，该 NAT 服务器连接内部局域网网卡（LAN）的 IP 地址为 192.168.10.1/24，连接外部网络网卡（WAN）的 IP 地址为 200.1.1.1/24；NAT 客户机主机名为"win2012-2"，其 IP 地址为 192.168.10.2/24；内部 Web 服务器主机名为"Server1"，IP 地址为 192.168.10.4/24；Internet 上的 Web 服务器主机名为"win2012-3"，IP 地址为 200.1.1.3/24。

win2012-1、win2012-2、win2012-3、Server1 可以是 Hyper-V 服务器的虚拟机，也可以是 VMWare Workstation 的虚拟机。

特别提示：在 VMWare Workstation 虚拟机中，win2012-1 的内部网卡的连接方式采用 VMnet1，win2012-1 的外部网卡的连接方式采用 VMnet8，win2012-2 和 Server1 的网络连接方式采用 VMnet1，win2012-3 的网络连接方式采用 VMnet8。

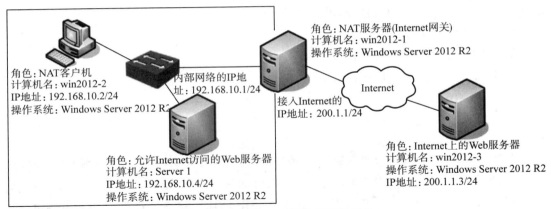

图 12-2　架设 NAT 服务器网络拓扑

12.3　项目实施

任务 12-1　安装路由和远程访问服务角色以及配置、启用、停止、禁用 NAT 服务

1. 安装路由和远程访问服务角色

（1）首先按照图 12-2 所示的网络拓扑配置各计算机的 IP 地址等参数。

（2）在计算机 win2012-1 上通过"服务器管理器"控制台安装路由和远程访问服务角色，具体步骤参见任务 11-1。

2. 配置并启用 NAT 服务

在计算机 win2012-1 上通过"路由和远程访问"控制台配置并启用 NAT 服务，具体步骤如下。

1）打开"路由和远程访问服务器安装向导"对话框

以域管理员账户登录需要添加 NAT 服务的计算机 win2012-1，选择"开始"→"管理工具"→"路由和远程访问"选项，打开"路由和远程访问"控制台。用鼠标右键单击 NAT 服务器"win2012-1"，在弹出的快捷菜单中选择"禁用路由和远程访问"命令（清除 VPN 实验的影响）。

2）选择"网络地址转换（NAT）"选项

用鼠标右键单击 NAT 服务器"win2012-1"，在弹出的快捷菜单中选择"配置并启用路由和远程访问"命令，打开"路由和远程访问服务器安装向导"对话框，单击"下一步"按钮，出现"配置"窗口，在该窗口中可以配置 NAT、VPN 以及路由服务，在此选择"网络地址转换（NAT）"选项，如图 12-3 所示。

3）选择连接到 Internet 的网络接口

单击"下一步"按钮，出现"NAT Internet 连接"窗口，在该窗口中指定连接到 Internet 的网络接口，即 NAT 服务器连接到外部网络的网卡，选择"使用此公共接口连接到 Internet"选项，并选择"网络接口"为"Internet 连接"，如图 12-4 所示。

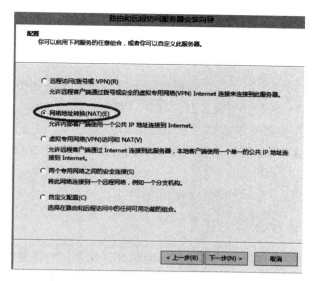

图 12 – 3　选择"网络地址转换（NAT）"选项

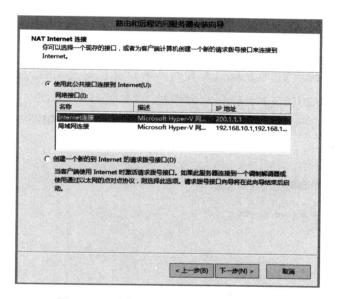

图 12 – 4　选择连接到 Internet 的网络接口

4）结束 NAT 配置

单击"下一步"按钮，出现"正在完成路由和远程访问服务器安装"窗口，最后单击"完成"按钮即可完成 NAT 服务的配置和启用。

3. 停止 NAT 服务

可以使用"路由和远程访问"控制台停止 NAT 服务，具体步骤如下：

（1）以域管理员账户登录 NAT 服务器，打开"路由和远程访问"控制台，NAT 服务启用后显示绿色向上标识的箭头。

（2）用鼠标右键单击服务器，在弹出的快捷菜单中选择"所有任务"→"停止"命令，停止 NAT 服务。

（3）NAT 服务停止以后，显示红色向下标识的箭头，表示 NAT 服务已停止。

4. 禁用 NAT 服务

要禁用 NAT 服务，可以使用"路由和远程访问"控制台，具体步骤如下：

（1）以域管理员账户登录 NAT 服务器，打开"路由和远程访问"控制台，用鼠标右键单击服务器，在弹出的快捷菜单中选择"禁用路由和远程访问"命令。

（2）弹出"禁用 NAT 服务警告信息"界面。该信息表示禁用 NAT 服务后要重新启用路由器，需要重新配置。

（3）禁用 NAT 服务后，显示红色向下标识的箭头。

任务 12-2　配置和测试 NAT 客户机

配置 NAT 客户机，并测试内部网络和外部网络计算机之间的连通性，具体步骤如下。

1. 设置 NAT 客户机的网关地址

以域管理员账户登录 NAT 客户机 win2012-2，打开"Internet 协议版本 4（TCP/IPv4）属性"对话框。设置其"默认网关"的 IP 地址为 NAT 服务器的内网网卡（LAN）的 IP 地址，在此输入"192.168.10.1"，如图 12-5 所示，最后单击"确定"按钮。

2. 测试内部网络的 NAT 客户机与外部网络的计算机的连通性

在 NAT 客户机 win2012-2 上打开"命令提示符"窗口，测试与 Internet 上的 Web 服务器（win2012-3）的连通性，输入命令"ping 200.1.1.3"，如图 12-6 所示，显示能连通。

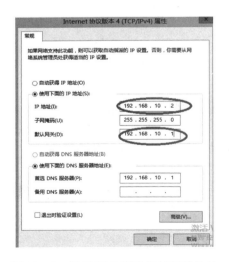

图 12-5　设置 NAT 客户机的网关地址

图 12-6　测试内部网络的 NAT 客户机与外部网络的计算机的连通性

3. 测试外部网络的计算机与 NAT 服务器、内部网络的 NAT 客户机的连通性

以本地管理员账户登录外部网络的计算机（win2012 – 3），打开"命令提示符"窗口，依次使用命令"ping 200. 1. 1. 1""ping 192. 168. 10. 1""ping 192. 168. 10. 2""ping 192. 168. 10. 4"，测试外部网络的计算机（win2012 – 3）与 NAT 服务器的外网卡、内网卡以及内部网络的 NAT 客户机的连通性，如图 12 – 7 所示，除 NAT 服务器的外网卡外均不能连通。

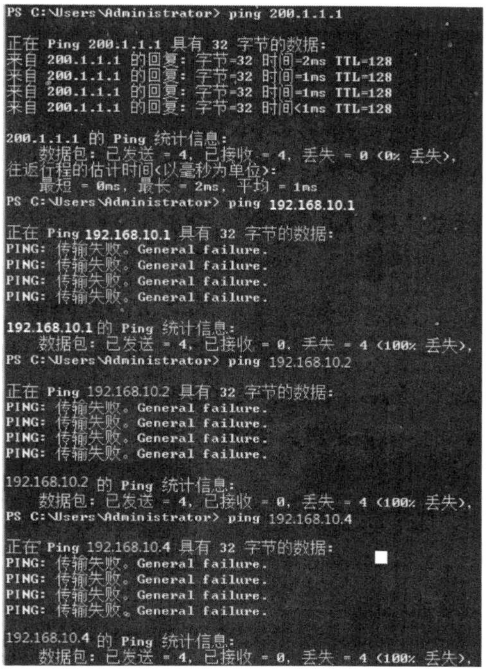

图 12 – 7   测试外部网络的计算机与 NAT 服务器、

内部网络的 NAT 客户机的连通性

任务 12 – 3   让外部网络的计算机访问内部 Web 服务器

让外部网络的计算机 win2012 – 3 能够访问内部 Web 服务器 Server1，具体步骤如下。

1. 在内部网络的计算机 Server1 上安装 Web 服务器

如何在 Server1 上安装 Web 服务器，请参考项目 9。

2. 将内部网络的计算机 Server1 配置成 NAT 客户机

以域管理员账户登录 NAT 客户机 Server1，打开"Internet 协议版本 4（TCP/IPv4）属性"对话框。设置其"默认网关"的 IP 地址为 NAT 服务器的内网网卡（LAN）的 IP 地址，在此输入"192. 168. 10. 1"，最后单击"确定"按钮。

特别注意：使用端口映射等功能时，一定要将内部网络的计算机配置成 NAT 客户机。

3. 设置端口地址转换

（1）以域管理员账户登录 NAT 服务器，打开"路由和远程访问"控制台，依次展开服

务器"win2012 – 1"和"IPv4"节点，单击"NAT"，在控制台右侧界面中，用鼠标右键单击 NAT 服务器的外网网卡"Internet 连接"，在弹出的快捷菜单中选择"属性"选项，如图 12 – 8 所示，打开"Internet 连接属性"对话框。

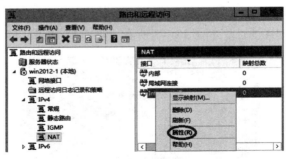

图 12 – 8 选择"属性"选项

（2）在打开的"Internet 连接属性"对话框中，选择图 12 – 9 所示的"服务和端口"选项卡，在此可以设置将 Internet 用户重定向到内部网络上的服务。

（3）勾选"服务"列表框中的"Web 服务器（HTTP）"复选框，打开"编辑服务"对话框，在"专用地址"文本框中输入安装 Web 服务器的内部网络的计算机的 IP 地址，在此输入"192. 168. 10. 4"，如图 12 – 10 所示，单击"确定"按钮。

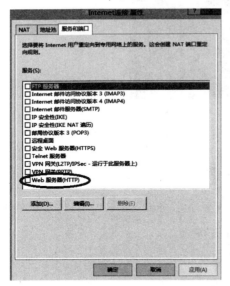
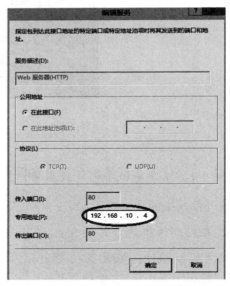

图 12 – 9 "服务和端口"选项卡　　　　图 12 – 10 "编辑服务"对话框

（4）返回"服务和端口"选项卡，可以看到已经勾选了"Web 服务器（HTTP）"复选框，然后单击"确定"按钮可完成端口地址转换的设置。

4. 从外部网络访问内部网络的 Web 服务器

（1）以域管理员账户登录外部网络的计算机 win2012 – 3。

（2）打开 IE 浏览器，输入"http：//200. 1. 1. 1"，会打开内部的计算机 Server1 上的 Web

网站。请读者试一试。

200.1.1.1 是 NAT 服务器外部网卡的 IP 地址。

5. 在 NAT 服务器上查看地址转换信息

（1）以域管理员账户登录 NAT 服务器 win2012 – 1，打开"路由和远程访问"控制台，依次展开服务器"win2012 – 1"和"IPv4"节点，单击"NAT"，在控制台右侧界面中显示 NAT 服务器正在使用的连接内部网络的网络接口。

（2）用鼠标右键单击"Internet 连接"，在弹出的快捷菜单中选择"显示映射"命令，打开图 12 – 11 所示的"win2012 – 1 – 网络地址转换会话映射表格"窗口。该窗口信息表示外部网络的计算机"200.1.1.3"访问到内部网络的计算机"192.168.10.4"的 Web 服务，NAT 服务器将 NAT 服务器外网卡 IP 地址"200.1.1.1"转换成了内部网络的计算机的 IP 地址"192.168.10.4"。

win2012-1-网络地址转换会话映射表格							
协议	方向	专用地址	专用端口	公用地址	公用端口	远程地址	远程端口	空闲时间
TCP	入站	192.168.10.4	80	200.1.1.1	80	200.1.1.3	49,362	20

图 12 – 11 "win2012 – 1 – 网络地址转换会话映射表格"窗口

任务 12 – 4 配置筛选器

筛选器用于数据包的过滤。筛选器分为入站筛选器和出站筛选器，分别对应接收到的数据包和发出去的数据包。对于某一个接口而言，入站数据包指的是从此接口接收到的数据包，而不论此数据包的源 IP 地址和目的 IP 地址；出站数据包指的是从此接口发出的数据包，而不论此数据包的源 IP 地址和目的 IP 地址。

可以在入站筛选器和出站筛选器中定义 NAT 服务器只是允许筛选器中所定义的数据包或者允许除了筛选器中定义的数据包外的所有数据包，对于没有允许的数据包，NAT 服务器默认丢弃此数据包。

任务 12 – 5 设置 NAT 客户机

前面已经实践过 NAT 客户机的设置，在这里总结一下。局域网 NAT 客户机只要修改 TCP/IP 的设置即可。可以选择以下两种设置方式。

1. 自动获得 TCP/IP

此时 NAT 客户机会自动向 NAT 服务器或 DHCP 服务器索取 IP 地址、默认网关、DNS 服务器等设置。

2. 手工设置 TCP/IP

手工设置 TCP/IP 要求 NAT 客户机的 IP 地址必须与 NAT 局域网接口的 IP 地址在相同的

网段内，也就是网络 ID 必须相同。默认网关必须设置为 NAT 局域网接口的 IP 地址，本任务中为 192.168.10.1。首选 DNS 服务器可以设置为 NAT 局域网接口的 IP 地址，或任何一台合法的 DNS 服务器的 IP 地址。

设置完成后，NAT 客户机只要上网、收发电子邮件、连接 FTP 服务器等，NAT 就会自动通过 PPPoE 请求拨号连接 Internet。

任务 12 - 6 配置 DHCP 分配器与 DNS 代理

NAT 服务器另外还具备以下两个功能：

（1）DHCP 分配器（DHCP Allocator）：用来分配 IP 地址给内部网络的客户机。

（2）DNS 代理（DNS proxy）：可以替局域网内的计算机来查询 IP 地址。

1. 配置 DHCP 分配器

DHCP 分配器扮演着类似 DHCP 服务器的角色，用来给内部网络的客户机分配 IP 地址。修改 DHCP 分配器设置的方法：如图 12 - 12 所示，展开"IPv4"，单击"NAT"，单击上方的属性图标，选择"NAT 属性"对话框中的"地址分配"选项卡。

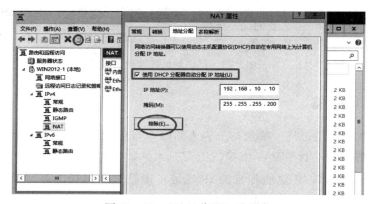

图 12 - 12 "地址分配"选项卡

> **注意**
>
> 在配置 NAT 服务器时，若系统检测到内部网络上有 DHCP 服务器，它就不会自动启动 DHCP 分配器。

图 12 - 12 中 DHCP 分配器分配给客户机的 IP 地址的网络标识符为 192.168.0.0，这个默认值是根据 NAT 服务器内网卡的 IP 地址（192.168.10.1）产生的。可以修改此默认值，不过必须与 NAT 服务器内网卡的 IP 地址一致，也就是网络 ID 应相同。

若内部网络的某些计算机的 IP 地址是手工输入的，且这些 IP 地址位于上述 IP 地址范围内，则通过单击"NAT 属性"对话框中的"排除"按钮来将这些 IP 地址排除，以免这些 IP 地址被发放给其他客户机。

若内部网络包含多个子网或 NAT 服务器拥有多个专用网接口，由于 NAT 服务器的

DHCP分配器只能够分配一个网段的 IP 地址，因此其他网络内的计算机的 IP 地址需手动设置或另外通过其他 DHCP 服务器分配。

　　2. 配置 DNS 中继代理

　　当内部计算机需要查询主机的 IP 地址时，它们可以将查询请求发送到 NAT 服务器，然后由 NAT 服务器的 DNS 中继代理来替它们查询 IP 地址。可以通过图 12−13 所示的 "名称解析" 选项卡来启动或修改 DNS 中继代理的设置，图中勾选 "使用域名系统（DNS）的客户端" 复选框，表示要启用 DNS 中继代理的功能，以后只要客户机要查询主机的 IP 地址（这些主机可能位于 Internet 或内部网络），NAT 服务器都可以代替客户机来向 DNS 服务器查询。

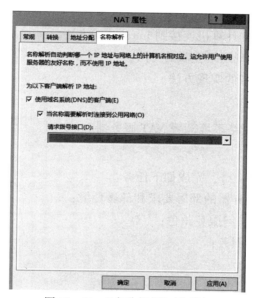

图 12−13　"名称解析" 选项卡

　　NAT 服务器会向哪一台 DNS 服务器查询呢？它会向其 TCP/IP 配置处的首选 DNS 服务器（备用 DNS 服务器）查询。若此 DNS 服务器位于 Internet，而且 NAT 服务器是通过 PPPoE 请求拨号来连接 Internet，则勾选图 12−13 中 "当名称需要解析时连接到公用网络" 复选框，以便让 NAT 服务器可以自动利用 PPPoE 请求拨号（例如 Hinet）来连接 Internet。

12.4　习题

一、填空题

　　1. NAT 是_____的简称，中文是_____。

　　2. NAT 位于使用专用 IP 地址的_____和使用公用 IP 地址的_____之间。从 Intranet 传出的数据包由 NAT 将它们的_____地址转换为_____地址。从 Internet 传入的数据包由 NAT 将它们的_____地址转换为_____地址。

　　3. NAT 也起到将_____网络隐藏起来，保护_____网络的作用，因为对外部用户来说只有使用_____地址的 NAT 是可见的。

二、简答题

1. NAT 的功能是什么？

2. 简述 NAT 的原理，即 NAT 的工作过程。

3. 简述下列不同技术的异同（可参考课程网站上的补充资料）：

（1）NAT 与路由；（2）NAT 与代理服务器；（3）NAT 与 Internet 共享

12.5 实训项目 配置与管理 NAT 服务器

1. 实训目的

（1）了解使内部网络的计算机连接到 Internet 的方法。

（2）掌握使用 NAT 实现网络互联的方法。

（3）掌握远程访问服务的实现方法。

2. 项目环境

根据图 12 - 2 所示的网络环境部署 NAT 服务器。

3. 项目要求

根据网络拓扑（图 12 - 2），完成如下任务：

（1）了解架设 NAT 服务器的部署要求和部署环境；

（2）安装路由和远程访问服务角色；

（3）配置并启用 NAT 服务；

（4）停止 NAT 服务；

（5）禁用 NAT 服务；

（6）配置和测试 NAT 客户机；

（7）外部网络计算机访问内部网络的 Web 服务器；

（8）配置筛选器；

（9）设置 NAT 客户机；

（10）配置 DHCP 分配器与 DNS 代理。

参 考 文 献

［1］杨云. Windows Server 2012 网络操作系统企业应用案例详解 ［M］. 北京：清华大学出版社，2019.

［2］杨云. Windows Server 2012 网络操作系统项目教程（第 4 版）［M］. 北京：人民邮电出版社，2016.

［3］杨云. Windows Server 2012 活动目录企业应用（微课版）［M］. 北京：人民邮电出版社，2018.

［4］杨云. 网络服务器搭建、配置与管理——Windows Server（第 2 版）［M］. 北京：清华大学出版社，2015.

［5］黄君羡. Windows Server 2012 活动目录项目式教程 ［M］. 北京：人民邮电出版社，2015.

［6］戴有炜. Windows Server 2012 R2 Active Directory 配置指南 ［M］. 北京：清华大学出版社，2014.

［7］戴有炜. Windows Server 2012 R2 网络管理与架站 ［M］. 北京：清华大学出版社，2014.

［8］戴有炜. Windows Server 2012 R2 系统配置指南 ［M］. 北京：清华大学出版社，2015.

［9］微软公司. Windows Server 2008 活动目录服务的实现与管理 ［M］. 北京：人民邮电出版社，2011.